AF312623

BIBLIOTHEQUE MORALE

DE

LA JEUNESSE

PUBLIÉE

AVEC APPROBATION

3ᵉ SÉRIE IN-12.

LES
INSECTES

PAR C. VÉRIOT

Avec gravures dans le texte

ROUEN

MÉGARD ET Cᵉ, LIBRAIRES-ÉDITEURS

1873

APPROBATION.

—

Les Ouvrages composant **la Bibliothèque morale de la Jeunesse** ont été revus et **ADMIS** par un Comité d'Ecclésiastiques nommé par SON ÉMINENCE MONSEIGNEUR. LE CARDINAL-ARCHEVÊQUE DE ROUEN.

Avis des Éditeurs.

Les Éditeurs de la **Bibliothèque morale de la Jeunesse** ont pris tout à fait au sérieux le titre qu'ils ont choisi pour le donner à cette collection de bons livres. Ils regardent comme une obligation rigoureuse de ne rien négliger pour le justifier dans toute sa signification et toute son étendue.

Aucun livre ne sortira de leurs presses, pour entrer dans cette collection, qu'il n'ait été au préalable lu et examiné attentivement, non-seulement par les Éditeurs, mais encore par les personnes les plus compétentes et les plus éclairées. Pour cet examen, ils auront recours particulièrement à des Ecclésiastiques. C'est à eux, avant tout, qu'est confié le salut de l'Enfance, et, plus que qui que ce soit, ils sont capables de découvrir ce qui, le moins du monde, pourrait offrir quelque danger dans les publications destinées spécialement à la Jeunesse chrétienne.

Aussi tous les Ouvrages composant la **Bibliothèque morale de la Jeunesse** sont-ils revus et approuvés par un Comité d'Ecclésiastiques nommé à cet effet par Son Éminence Monseigneur le Cardinal-Archevêque de Rouen. C'est assez dire que les écoles et les familles chrétiennes trouveront dans notre collection toutes les garanties désirables, et que nous ferons tout pour justifier et accroître la confiance dont elle est déjà l'objet.

LES INSECTES

I.

ORGANISATION DES INSECTES.

« Si vous parlez d'une mouche, d'un cousin, d'une abeille, vous parlez de Dieu, » dit saint Basile, un illustre Père de l'Eglise, dont les écrits pleins de charme captivent à la fois l'esprit et le cœur. « Votre discours, ajoute-t-il, est une démonstration de l'existence de celui qui a formé ces insectes; car l'habileté de l'ouvrier se montre surtout dans les ouvrages les plus petits et les plus délicats. »

C'est Dieu qui a tout fait. Il a semé les astres dans les espaces infinis, comme les grains de sable au bord de la mer ; il a donné la fécondité à notre globe, qui n'est qu'un atome dans l'immensité ; il l'a peuplé d'une multitude d'êtres dans la structure desquels éclatent sa sagesse et sa puissance. Mais aucun de ces êtres, fût-ce l'homme lui-même, n'est plus merveilleusement organisé qu'un des insectes que nous foulons aux pieds.

Disons d'abord ce que c'est qu'un insecte. C'est, le nom l'indique, un animal dont le corps se compose de segments ou d'anneaux réunis. Le nombre de ces anneaux varie ; mais ils sont si intimement soudés les uns aux autres, qu'ils n'offrent à l'œil que trois parties-distinctes : la tête, le thorax et l'abdomen.

Dans la tête résident les organes de la vue, de l'ouïe, de l'odorat ; et ces sens sont si développés, si fins, si parfaits, qu'on ne peut trop s'en étonner.

Les insectes portent sur la tête deux tiges ou appendices qui ressemblent à des cornes, et qui affectent diverses formes. Ce sont les antennes dans lesquelles les naturalistes placent l'organe de l'ouïe.

Le nombre des antennes est toujours le même : l'insecte n'a que deux oreilles ; mais il a souvent cinq yeux, dont trois sont disposés en triangle à la partie supérieure de la tête, et dont les deux autres, plus gros, plus saillants, sont placés à droite et à gauche, où ils font l'office de télescopes.

Les trois petits yeux sont faits comme les nôtres et sont appelés yeux simples, tandis que les deux autres, présentant au microscope une multitude de lentilles régulières, taillées à facettes, dont chacune est la surface d'un œil distinct, sont appelés yeux composés.

A quoi servent ces lentilles si nombreuses, que l'œil d'une mouche en contient quatre mille et celui d'un papillon dix-sept mille? Les plus savants l'ignorent ; mais elles ont leur emploi ; car Dieu n'a rien fait d'inutile.

La bouche des insectes offre aussi des dispositions variées. Chez les uns, elle s'allonge en un tube destiné à sucer les liquides, et ce tube a la forme d'un aiguillon, d'une trompe molle ou d'une spirale flexible. Chez d'autres, la bouche est munie de mâchoires tranchantes, de poils raides servant à retenir les aliments, de palpes qui semblent être l'organe du toucher.

Le thorax ou la division centrale du corps porte les organes du mouvement, c'est-à-dire les pattes et les ailes. Le thorax est partagé en trois anneaux, et à la face inférieure de chacun est attachée une paire de pattes. Les pattes sont composées de plusieurs parties : la hanche, la cuisse, la jambe, le pied, formé lui-même de pièces flexibles, et presque toujours terminé par des ongles qui permettent à l'insecte de se cramponner aux aspérités sur lesquelles il marche.

Les ailes, attachés à la face supérieure du thorax, sont composées d'une membrane mince, souple et ferme, étendue sur des baguettes assez semblables à celles d'un éventail. Ces baguettes portent le nom de nervures.

Beaucoup d'insectes ont des ailes qui ne servent point au vol, mais dont le rôle principal est de protéger les véritables ailes, lorsqu'elles sont au repos. On les nomme élytres. Elles sont épaisses, colorées, solides, et s'appliquent le long du corps comme un bouclier, quand l'insecte ne vole pas.

Ainsi les ailes brunes du hanneton sont des élytres.

Les véritables ailes sont ordinairement transparentes, comme celles des mouches. Cependant celles des papillons sont couvertes de petites écailles, qui restent attachées aux doigts des enfants assez heureux pour saisir ces brillants insectes.

La force et la légèreté sont réunies de telle sorte dans les ailes des petits animaux dont l'étude nous occupe, que leur vol est plus rapide que celui des oiseaux. Une hirondelle et une mouche étant enfermées dans une volière, l'oiseau se mit à poursuivre l'insecte de toute la vitesse de ses longues ailes; mais on vit la mouche effrayée fuir si promptement, que, malgré tous ses efforts, l'hirondelle ne put l'atteindre. Certains papillons, originaires du midi de l'Afrique, trouvent le temps de se transporter jusque dans nos contrées, quoique leur vie soit bien courte.

On ne sait pas encore quel est l'organe de l'odorat chez les insectes. Plusieurs savants pensent que les antennes remplissent les fonctions du nez comme celles des oreilles. Quoi qu'il en soit, l'odorat de l'insecte est doué d'une merveilleuse subtilité. Nous ne le savons que trop; car il ne nous est pas possible d'empêcher les mouches de nos maisons d'accourir sur les friandises dont nous essayons de leur dérober la vue. Nous savons aussi combien l'odeur des fruits mûrs attire les guêpes; et quand les ménagères préparent les confitures de mirabelles, mouches et guêpes arrivent par essaims pour les goûter avant les enfants gâtés auxquels on les destine.

L'odeur des viandes, même enfermées dans un panier ou dans une armoire mal jointe, attire aussi les mouches carnivores, et elles trouvent le moyen d'aller déposer leurs œufs sur ces viandes où ils écloront bientôt.

La partie postérieure du corps ou l'abdomen renferme les organes de la digestion, organes presque aussi compliqués et aussi variés que chez les animaux appartenant aux ordres supérieurs. Un tube alimentaire court et presque droit se rencontre dans les insectes qui vivent de proie, parce que cette nourriture s'assimile promptement au sang de l'animal; le tube, au contraire, est allongé chez ceux qui se contentent d'herbes et de fruits.

La même différence s'observe d'ailleurs entre

les animaux carnivores et les animaux herbivores, à quelque classe qu'ils appartiennent.
Ainsi, le lion et le tigre ont le canal digestif
beaucoup plus court que le bœuf ou le cheval,
parce qu'un plus grand travail doit s'accomplir
pour transformer en chair et en sang de l'herbe
et du grain que de la chair et du sang tout faits.

On a cru longtemps que les insectes n'avaient
pas de sang. Ils en ont, et l'on en peut suivre les
mouvements à l'aide du microscope, dans quelques espèces à peau transparente. Toutefois ce
sang est un liquide presque incolore, légèrement
grisâtre, qui parcourt d'arrière en avant plusieurs
cavités ou cœurs, placés le long du dos de l'animal, et qui se répand ensuite dans les antennes,
dans les pattes, dans les ailes, pour y porter la
vie et le mouvement.

Enfin l'insecte est muni d'un appareil respiratoire, au moyen duquel le sang se met en contact
avec l'air extérieur quand il a terminé sa course
à travers les organes. Il en est ainsi chez l'homme
et chez tous les animaux : il faut que le sang
absorbe une certaine quantité d'air vital pour
qu'il puisse avec fruit parcourir nos artères et
distribuer la nourriture à toutes les parties de

notre corps. C'est en passant par nos poumons, où il trouve de l'air nouvellement introduit, que notre sang se régénère; aussi, lorsque la respiration est gênée par une cause quelconque, tout l'organisme souffre, le sang devenant impropre à l'entretien de la vie.

L'insecte n'a pas de poumons; mais de chaque côté de son corps s'ouvrent de petites bouches ovales sur lesquelles retombent des lèvres très-minces. Ces bouches, appelées stigmates, communiquent avec des tuyaux appelés trachées, qui donnent passage à l'air, et qui, se ramifiant à l'infini, le portent dans toutes les parties du corps, où elles se trouvent en contact avec le sang.

Quand l'insecte veut voler, il fait entrer l'air avec plus d'abondance à travers ses trachées, et il se gonfle comme un ballon quand il doit franchir de vastes espaces.

« On voit très-bien le hanneton soulever un grand nombre de fois ses élytres et faire ainsi glisser l'air le long de son corps, pour le forcer à pénétrer dans ses stigmates par l'abaissement de cette sorte de valve de soufflet : les enfants disent alors qu'il *compte ses écus*, dit M. Girard, dans son beau livre des *Métamorphoses des Insectes*. Enfin, suffisamment gonflé, il prend son essor. De même on voit d'habitude les criquets, aux ailes inférieures en éventail, souvent bleues ou rouges, ne s'élancer dans leur vol qu'à deux ou trois mètres; mais certaines espèces, quand la nourriture manque, poussées par un mystérieux instinct, doivent au contraire parcourir d'immenses distances, à l'aide du vent, en nuées dévastatrices. Elles se préparent plusieurs jours d'avance à ces funestes voyages, et se remplissent peu à peu d'air. Leurs trachées, qui à l'ordinaire apparaissent dans la dissection comme des rubans aplatis, sont alors des tubes ronds et renflés. »

L'insecte, on le voit, est muni d'organes dont la perfection ne laisse rien à désirer. C'est donc à tort qu'on le désigne quelquefois sous le nom de vil animal, puisque sa petitesse même ne fait que mieux ressortir la puissance du divin ouvrier qui l'a formé.

Non-seulement ses organes sont parfaits, mais le jeu en est merveilleusement réglé. « Il faut un moyen de relier les fonctions diverses de ces admirables appareils, dit encore M. Girard, d'en-

voyer à tous les organes de ce petit corps les
ordres souverains et de rapporter au frêle indi-
vidu les sensations extérieures, si intéressantes
pour la conservation de son existence. L'insecte
est muni d'un système nerveux compliqué, formé
principalement d'un cerveau dans la tête, en-
voyant de minces nerfs aux antennes et aux
yeux simples, et de gros nerfs optiques aux yeux
composés, qui s'irradient en milliers de petits
filets pour chaque œil élémentaire. Puis un col-
lier nerveux qui entoure le tube digestif unit ce
cerveau à une chaîne nerveuse qui s'étend en
dessous tout le long de la face ventrale et se
renfle en série de ganglions. »

Ce petit cerveau n'est pas dépourvu d'intelligence, comme on pourrait le supposer. L'insecte
a son instinct qui le guide dans la recherche de
sa nourriture, qui lui permet d'éviter les piéges
tendus par ses ennemis, d'assurer la reproduction de son espèce, en construisant des nids ou
en plaçant ses œufs dans les meilleures conditions.
Mais, outre cet instinct, il fait quelquefois preuve
de tant de ruse, de tant d'adresse, qu'on pourrait le croire doué de réflexion. Ainsi, l'abeille,
obéissant à son instinct, bâtit les cellules qui

composent la ruche, et les bâtit toutes sur le même plan; mais qu'une circonstance extraordinaire vienne l'obliger à changer sa méthode, on est tout étonné de la sagacité avec laquelle tout péril est conjuré par cet intelligent animal.

Un naturaliste remarqua un jour, en visitant ses ruches, qu'un rayon placé au centre et chargé de miel s'était affaissé sur un autre rayon, de manière à intercepter le passage des abeilles. Notre savant, fort intrigué de savoir comment l'accident pourrait être réparé, guetta les abeilles et les vit, groupées les unes contre les autres, travailler avec ardeur. Au bout de quelques jours, il reconnut qu'elles avaient jeté au-dessous du rayon détaché deux poutres destinées à le soutenir, et qu'elles avaient enlevé les matériaux de ce pont aux rayons voisins, où un passage se trouvait alors creusé. Elles attachèrent ensuite au sommet de la ruche le rayon courbé; et quand elles n'eurent plus aucune crainte pour sa solidité, elles enlevèrent les poutres qu'elles lui avaient données pour point d'appui.

« Une main invisible dirige l'insecte vers son but, dit un célèbre docteur; il exécute avec une étonnante précision des œuvres admirables; il semble agir comme s'il raisonnait, quitter son travail et le reprendre au moment voulu, changer ses plans quand le besoin s'en fait sentir. Mais en tout cela il ne fait qu'obéir à la secrète influence qui le dirige. Il n'est qu'un instrument. Son adresse n'est si surprenante que parce qu'elle est liée à cette adorable intelligence qui a tracé à chaque insecte le cercle de ses travaux, comme elle a tracé l'orbite de chaque planète. Ainsi, quand je vois un insecte travaillant à la construction d'un nid ou d'un cocon, je sens une impression de respect, parce qu'il me semble que j'assiste à un spectacle où l'Artiste suprême est caché derrière la toile. »

Beaucoup d'insectes habitent les airs ; ils partagent avec l'oiseau le privilége d'avoir des ailes, et nous avons dit qu'ils savent s'en servir mieux que l'oiseau. Mais ils possèdent ce rapide moyen de locomotion pendant la dernière partie de leur existence seulement. La première et la plus longue période de leur vie se passe souvent à ramper humblement et à inspirer à chacun plus de dégoût que d'envie.

Il y a d'autres insectes qui sont privés d'ailes. Ceux-là vivent et meurent sans connaître les transformations qui font de la chenille immonde un brillant papillon. D'autres enfin ont des métamorphoses incomplètes ; ils tiennent le milieu entre la classe des privilégiés et celle des parias.

C'est donc un monde tout entier que ces êtres si petits, si chétifs, qu'on désigne sous le nom général d'insectes? Oui, c'est plus qu'un monde. Selon l'éloquente expression d'un grand écrivain qui n'a pas dédaigné de faire leur histoire, c'est l'infini vivant.

« Je me trouvais un soir, dit un autre savant, le docteur Jonathan Franklin, à une petite distance de mon ermitage, au coin d'un bois. Un ruisseau chuchotait entre des cailloux et des herbes. C'était le seul bruit qui troublât la paix majestueuse de cette solitude. Les oiseaux eux-mêmes avaient cessé de chanter et de babiller entre les branches. Leurs derniers adieux au soleil couchant s'étaient éteints dans les ardeurs mélancoliques du crépuscule. La vie semblait absente ou tout au moins endormie autour de moi, et j'aurais pu, dans le silence universel, compter les battements de mon cœur. Un instant j'eus l'idée que j'étais seul. — Seul! quelle illusion de l'orgueil ou de l'ignorance!

« Ma main souleva alors par distraction les feuilles abaissées d'une fougère qui recouvrait une épaisse touffe d'herbes sauvages. Quelle fut alors ma surprise et ma confusion de voir remuer, courir, voler, ramper, palpiter, sous ce léger voile de verdure, toute une multitude d'êtres qui avaient le droit de se croire chez eux, dans ce coin de la nature et du paysage!... A la vue de ces insectes — un monde que je ne connaissais pas, — dont un instant auparavant je ne soupçonnais même point auprès de moi l'existence occulte, j'éprouvai une sorte de honte. Où va l'homme, Seigneur, qu'il ne rencontre la trace vivante de tes pas, les témoins de ton omnipotence, dans ces êtres nourris à l'ombre de ta main et qu'un brin d'herbe dérobe à la vue!

« Mes yeux étaient ouverts, mon attention éveillée. En regagnant mon modeste cottage, je vis des nuées de cousins qui voltigeaient dans un dernier rayon de lumière pourprée et qui ajoutaient leur bourdonnement au chœur des harmonies célestes. La nuit tomba avant que j'atteignisse mon gîte. Les avenues solitaires et tapissées de gazon étincelaient de distance en distance d'une petite étoile terrestre qui m'était bien connue, — car tout le monde a entendu parler des vers luisants; — mais je l'avais remarquée jusque-là avec négligence. Pendant huit jours je ne vis plus qu'insectes dans la nature. La terre, les eaux, l'air, en étaient peuplés. Chaque branche balançait sur ma tête les trésors de cette vie animale qui s'affiche peu ; chaque bouffée d'air me soufflait une nouvelle merveille... »

Oui, une multitude d'insectes peuplent l'air, la terre, les eaux ; et l'incroyable profusion de ces petits êtres, dont quelques-uns sont à peine visibles, n'est rien encore, si on la compare à celle des animaux dont le microscope nous révèle l'existence. Mais sans recourir aux instruments perfectionnés qui ont étendu le domaine de la science, nous avons assez à étudier, à admirer dans la multitude des insectes qui s'offrent chaque jour à nos regards.

Les plus grands esprits n'ont pas dédaigné cette étude; ils y ont trouvé une source de pures jouissances, et tout le monde peut y puiser d'excellentes leçons. Au point de vue matériel même, il serait bon que les insectes fussent mieux connus. En étudiant leurs mœurs, leur mode de reproduction, l'agriculteur apprendrait à garantir de leurs ravages le fruit de son travail. Ces petits ennemis sont fort à craindre à cause de leur nombre : il faut peu de chose pour nourrir une chenille, et le dégât que cause un puceron est tout à fait nul ; mais les pucerons occasionnent souvent la mort de l'arbre sur lequel ils établissent leur colonie, et l'on a vu des forêts entières devenir la proie des chenilles. Les plantes potagères, les céréales, la vigne, sont dévastées par de petites larves, dont on n'a pu trouver encore le moyen de les préserver.

Si l'on connaissait un peu mieux les habitudes des animaux, on se garderait de détruire ceux qui font la chasse aux insectes ; on respecterait les oiseaux, qui non-seulement charment nos oreilles par leurs chants, mais encore nous débarrassent d'une multitude de larves dévorantes.

Hâtons-nous de dire cependant que tous les insectes ne sont pas nuisibles : il y en a de tout à fait inoffensifs, d'autres qui deviennent utiles en se chargeant de réprimer la trop grande fertilité des espèces ennemies de nos cultures, et d'autres enfin qui travaillent pour l'homme en travaillant pour eux-mêmes : ainsi l'abeille, la cochenille, le ver à soie.

II.

MÉTAMORPHOSES DES INSECTES.

Le plus curieux phénomène de la vie des insectes est sans contredit la série de métamorphoses qu'ils subissent. En sortant de l'œuf qui
le renferme, l'insecte, qui doit avoir des ailes,
n'est qu'une *larve*, c'est-à-dire un petit ver ou
une petite chenille qui rampe avec effort. A
peine les distingue-t-on de la feuille où la plupart

éclosent. Mais comme elles y trouvent la nourriture aussi bien que l'abri, elles grossissent promptement et arrivent en un espace de temps, presque toujours très-court, à l'heure de leur première mort.

Cette expression manque de justesse; car l'insecte qui nous paraît mort n'est qu'endormi. Mais l'homme dont on enferme le corps dans la tombe n'est pas mort non plus : il dort en attendant que la puissante voix du Seigneur le réveille.

Pendant la première partie de son existence, l'insecte a déjà subi plusieurs changements; il s'est à diverses reprises dépouillé de sa peau comme d'un vêtement trop étroit. Ce changement de peau, qu'on appelle *mue,* est une crise dans laquelle l'animal succombe quelquefois. Après trois ou quatre mues, la larve a atteint sa grosseur; elle commence alors à se faire un second œuf; elle s'y enferme et y demeure sans plus de mouvement que si elle était réellement morte.

C'est de leur propre substance que les larves se construisent une enveloppe, à laquelle on donne divers noms : ainsi celle du ver à soie est un cocon, celle de la chenille une chrysalide.

Le ver à soie n'est en réalité qu'une chenille, et toutes les chenilles filent de la soie, qui varie de finesse, de force et de couleur.

Secouez une branche de manière à faire tomber une des chenilles qui y trouvent leur pâture, vous la verrez descendre lentement le long d'un fil qu'elle dévide pour amortir sa chute, et dont elle se servira pour remonter à l'arbre, comme le mousse se sert d'un câble pour grimper dans la mâture d'un navire.

Ce fil doit aussi protéger, pendant la mue, l'insecte qui s'y suspend pour se débarrasser de sa vieille peau. D'autres fois il s'en sert pour réunir deux feuilles ou les deux côtés d'une même feuille, et se créer une retraite dans laquelle il s'abrite, pendant cette crise inévitable, contre les dangers du dehors.

Il y a des larves qui, leur première existence achevée, se contentent de filer quelques cordes de soie qu'elles fixent de manière à ce que leur chrysalide y demeure attachée; et d'autres qui se construisent un sépulcre contre les parois duquel on entend sonner leur corps lorsqu'on secoue cette soyeuse prison.

L'insecte y reste enveloppé dans une substance dure comme une momie dans ses bande-
lettes ; mais enfin, soit qu'il se prépare à ce changement , soit qu'il l'attende plongé dans un
sommeil profond, l'enveloppe se déchire et livre
passage à un être tout différent de celui qu'on a
vu s'y enfermer.

« Un des plus jolis spectacles qu'offrent les
insectes, dit M. Girard, est l'éclosion d'une
chrysalide. Elle a lieu habituellement au lever
du jour, comme si les premiers rayons de l'astre
bienfaisant donnaient à l'insecte la force d'ouvrir
la porte du tombeau. La peau de la chrysalide se
rompt ou se fend dans la région de la tête. Il en
sort, en se cramponnant avec effort, un petit être
tout gonflé, informe, tout mouillé ; il demeure
d'abord quelques instants immobile, fatigué de
ses laborieux efforts. Puis les antennes repliées
s'allongent et s'agitent, semblant interroger cette
atmosphère, route nouvelle, inconnue, interdite
jusqu'alors. Les pattes sortent de dessous le
ventre, et l'insecte marche en tournant autour de
la peau de la chrysalide, comme s'il l'abandon-
nait avec quelque regret. Sur ses flancs pendent
deux moignons épais, inertes, mais où appa-

raissent déjà en petit les dessins futurs, qui ne feront que s'amplifier en conservant leurs rapports. L'insecte introduit l'air dans ses trachées par de fortes inspirations; ce fluide pénètre dans les nervures des ailes, en desséchant les liquides, et les raffermit. Bientôt de rapides mouvements vibratoires les agitent; l'insecte tourne tour à tour chaque aile du côté de l'air libre, afin de la sécher. Le frémissement est si précipité, que l'œil aperçoit une masse élargie et indistincte, comme lorsque vibre une corde élastique. En même temps l'aile grandit dans une proportion extraordinaire, incroyable. Une nouvelle immobilité indique un repos bien mérité par tant d'efforts. Bientôt une effluve de chaleur, un rayon de soleil frappe l'insecte engourdi; un instinct tout nouveau s'éveille en lui, celui de la reproduction; il s'élance sans crainte; les fines membranes battent l'air en mesure, le fluide élastique réagit, l'insecte s'avance dans le milieu subtil, et, dédaignant cette terre qui a nourri son enfance, plus roi que le roi de la création qui le regarde avec envie, il monte, il monte, amoureux de liberté, enivré de soleil. Quelques gouttes de miel, source de chaleur et de force musculaire par la com-

bustion respiratoire, vont devenir sa seule nourriture. »

Qui pourrait reconnaître dans ce papillon aux formes élégantes, aux ailes diaprées des plus riches couleurs, la chenille immonde qu'on ne regardait qu'avec dégoût? On ne croirait point que c'est le même animal, si l'on n'en avait la preuve.

« Nous voyons une chenille verte avec seize pieds, dit Linné ; elle se nourrit des feuilles des plantes ; puis elle se change en une chrysalide dorée, qui se suspend à un point fixe, qui vit sans pieds et qui subsiste sans nourriture. Bientôt elle acquiert des ailes, elle n'a plus que six pattes et devient un gai papillon qui s'ébat dans l'air, qui vit du suc des plantes et qui rivalise avec le vol de l'oiseau, avec le luxe du paon. »

Quoi de plus beau en effet que le papillon, fleur animée, vivant aux dépens des fleurs ? L'azur, la pourpre, l'argent et l'or brillent sur ses quatre ailes semées de perles, d'émeraudes et de diamants. Rien en lui ne rappelle son humble origine; leste, fringant, radieux, il semble dédaigner la terre où naguère il rampait, et il s'élance vers le soleil, comme pour emprunter encore à ses rayons un plus splendide éclat.

Les anciens, frappés de cette glorieuse transformation, donnaient au papillon le nom de psyché, qui signifie âme, parce qu'ils comparaient l'insecte ressuscité à l'âme immortelle, que ne peut atteindre la corruption du tombeau.

Pour le chrétien qui étudie la nature en rendant hommage à son auteur, il trouve dans ces métamorphoses un enseignement et une consolation. Il ne comprend pas qu'en présence d'une merveille aussi incontestable, il se rencontre des hommes qui demandent comment Dieu pourra nous tirer des ombres de la mort et nous donner une nouvelle vie. Est-il donc plus difficile à celui qui peut tout de ranimer la poussière humaine que de faire sortir un brillant insecte du sépulcre où s'est enfermée une hideuse chenille? Et puisque le Seigneur ne craint pas d'abaisser son regard sur une si chétive créature, pourquoi oublierait-il dans la tombe cet autre ouvrage de ses mains, fait à son image et vivifié de son souffle?

On nomme insecte parfait ou adulte celui qui a subi sa dernière métamorphose. Sous cette forme, il vit peu de temps et n'a presque pas besoin de nourriture. Quand il sort de son enveloppe, il a la taille qu'il doit atteindre et ne paraît occupé que du soin de perpétuer sa race.

Moins heureux que les oiseaux, les insectes ne voient pas leurs enfants, mais ils ne déploient pas moins de sollicitude pour assurer l'existence de leur postérité. Le mâle n'a guère d'autre souci que de s'ébattre dans les airs; mais la femelle cherche, pour y déposer ses œufs, un lieu où les petites larves qui en sortiront trouvent à la fois la nourriture et l'abri.

Tout le monde a pu remarquer sur la feuille de certains arbres, tels que le peuplier, le saule, des excroissances ayant l'aspect d'une groseille rougissante, d'une petite cerise ou d'un marron dans sa coque épineuse. Si l'on ouvre ces baies, on y trouvera soit des larves, soit des œufs non encore éclos. Un insecte a déposé là sa progéniture en perçant la feuille, et la séve dérangée dans son cours a produit cette excroissance dans laquelle les larves naîtront et grandiront en toute sécurité. Tantôt c'est une famille entière qui s'y développe, tantôt chaque maison n'a qu'un habitant.

Nous avons vu souvent les branches de nos

plus beaux rosiers se courber, se racornir dans le voisinage des boutons naissants comme si cette partie eût été exposée à l'action du feu. En l'examinant de plus près, nous avons pu remarquer que la jeune pousse avait subi un travail étrange. Sur une longueur de dix à quinze centimètres, de petites déchiquetures s'étaient produites, et chacune de ces déchiquetures se trouvait remplie par un objet dans lequel au bout de deux ou trois jours on pouvait reconnaître un œuf.

A mesure que les œufs grossissaient, la branche se courbait et se desséchait de plus en plus ; et si l'on négligeait de la jeter bien loin, les feuilles du rosier ne tardaient point à être dévorées par une légion de larves verdâtres piquetées de jaune, et munies de seize à vingt-huit pattes.

Ces larves sont la postérité d'un joli insecte à quatre ailes transparentes, dont la tête est noire et le corps orangé. Mais, me direz-vous, comment ce joli insecte a-t-il pu déchiqueter la branche du rosier pour y déposer ses œufs? A cela je répondrai qu'il n'y a pas d'ouvrier muni de meilleurs outils que la mouche dont nous parlons. De l'extrémité de son corps sort une tarière pointue qu'elle enfoncerait sans peine dans du bois plus dur que ces pousses délicates, et cette tarière a des dents de scie grâce auxquelles rien n'est plus facile à l'insecte que de découper dans le bois un grand nombre de petites cellules.

Chaque cellule reçoit un œuf que la mère enduit d'une liqueur gommeuse pour le mettre à l'abri de tout danger, et qu'elle espace de manière à ce qu'ils ne puissent se gêner les uns les autres, lorsqu'ils grossiront.

Une autre mouche à scie, qui préfère aussi le rosier aux autres plantes, entaille le rameau sur deux lignes parallèles et place les œufs les uns à côté des autres, en les y fixant par un enduit protecteur.

Le petit outil si parfait dont se servent les insectes pour entamer les corps durs se nomme ovipositor. On aurait pu tout aussi bien, à notre avis, se contenter de l'appeler tarière; mais les savants aiment à donner aux choses qu'ils connaissent des noms qui ne soient pas facilement compris ni retenus du vulgaire.

Certains insectes ne se contentent pas, comme ceux dont nous parlons, d'introduire leurs œufs dans les tissus des végétaux; ils les déposent dans le corps des animaux. Le cheval, le bœuf, le mouton, sont persécutés non-seulement par les mouches qui les piquent cruellement, mais par celles qui confient à la peau de ces ruminants le soin de faire éclore leurs œufs et de fournir la nourriture à leurs enfants. Elles ont même l'attention de choisir le jeune bétail, soit parce que sa peau est plus facile à entamer, soit parce que sa chair sera plus succulente.

L'éléphant et le rhinocéros, dont le cuir épais devrait être à l'abri de pareilles attaques, sont aussi chargés de nourrir les larves de plusieurs insectes; et deux savants célèbres, Humboldt et Bompland, disent avoir rencontré au sud de l'Amérique un insecte qui dépose ses œufs sous la peau de l'homme même.

Il n'est pas nécessaire d'aller aussi loin pour rencontrer ces odieuses mouches ; car voici ce qu'on lit dans la *Zoologie médicale :*

« Un mendiant de Lincolnshire mourut en 1829 dans les circonstances suivantes. Par un temps très-chaud, cet homme s'étendit sous un arbre, après avoir placé entre sa chemise et sa peau, comme font souvent les gens du peuple, le peu de pain et de viande qu'il destinait à son prochain repas. La viande fut attaquée par les mouches, et les vers déposés par celles-ci passèrent des aliments sur la peau même de cet homme. Lorsqu'il fut trouvé, il était déjà tellement attaqué, que sa mort paraissait inévitable. On le transporta à Asbornby, et l'on fit venir un chirurgien qui déclara qu'il ne survivrait pas au pansement. Il mourut en effet peu d'heures après. Quand le chirurgien le vit pour la première fois, il présentait déjà un aspect effrayant : de gros vers blancs, dont l'espèce a été regardée comme étant le *musca carnaria,* se remuaient dans l'épaisseur de sa peau et de ses chairs qu'ils avaient profondément labourées. »

La chair morte est plus souvent attaquée par ces mouches voraces que la proie vivante; les larves se répandirent sur le corps de ce mendiant, après avoir été déposées dans la viande qu'il portait sur lui. Si les cadavres humains restaient exposés aux atteintes des mouches à viande, ils seraient, comme les débris des animaux, promptement rongés des vers pendant la chaude saison; mais il ne se forme point de vers dans les chairs qu'on soustrait à leurs atteintes; et comme les mouches ne pénètrent point dans la terre, il est inexact de dire que nos corps deviennent la pâture des vers. Il ne faut d'ailleurs pas confondre les larves des mouches carnassières avec les vers de terre ou lombrics, qui se promènent dans les jardins par la pluie et qui ne se nourrissent absolument que de terre végétale. Si l'on en voit dans les cimetières, ils ne doivent inspirer aucune répugnance ; ils ne touchent point aux cadavres ; et si la décomposition des corps s'opère sous l'influence du travail de certains animaux, ils appartiennent à l'immense légion de ceux qu'on ne peut apercevoir qu'au microscope.

En général, les mouches ne sont pas venimeuses par elles-mêmes, mais elles le deviennent lorsqu'elles sont nourries de substances en putréfaction. Leurs pattes et leurs trompes chargées de ces éléments putrides peuvent, en se posant sur quelque partie de notre corps, privée de sa peau, nous causer diverses maladies, et en particulier la pustule maligne, connue sous le nom de charbon. Aussi devrait-il être sévèrement ordonné d'enterrer les animaux morts, plutôt que de les abandonner sur les chemins ou de les jeter dans les ruisseaux ou les fossés.

Le rapide coup d'œil que nous venons de jeter

sur l'organisation et les instincts des insectes doit suffire pour nous prouver que ces petites créatures méritent d'occuper un rang élevé dans l'échelle des êtres.

On doit toutefois les diviser en plusieurs groupes, dont chacun se reconnaît à des signes particuliers.

Les coléoptères ont quatre ailes, dont les deux premières sont des élytres, c'est-à-dire des ailes plus ou moins cornées, qui ne servent point au vol, et revêtent des couleurs différentes. Le hanneton aux élytres bruns est connu de tous les enfants, et la petite coccinelle, aux élytres rouges piquetés de noir, ne l'est pas moins, sous le nom de catherinette et de bête à bon Dieu.

Les orthoptères ont aussi quatre ailes : les supérieures sont longues et étroites ; elles recouvrent les inférieures, qui sont très-développées et se plissent en éventail quand l'insecte est au repos. Ces ailes supérieures protégent les autres, mais moins complétement que les véritables élytres. Les sauterelles aux longues jambes et le grillon, dont le bruit monotone nous endort au foyer, appartiennent à cet ordre.

Les névroptères ont quatre ailes transparentes,

et se rapprochent de la libellule, c'est-à-dire de l'élégante demoiselle, qui rase les eaux de son vol capricieux.

Les hyménoptères, dont l'abeille offre le type parfait, ont quatre ailes, dont les premières sont plus courtes que les autres. Les lépidoptères ou papillons appartiennent à ce groupe par leur structure ; mais ils en diffèrent en ce que leurs ailes sont revêtues de petites écailles aux splendides couleurs. Les papillons ont une trompe en spirale qu'ils déroulent lorsqu'ils veulent se nourrir du suc des fleurs ; et les abeilles, les bourdons, les guêpes, ont une langue cornée qui leur sert au même usage et d'où le liquide passe dans une poche intérieure. Les pattes des hyménoptères sont des instruments de travail qu'on serait tenté d'appeler des mains, tant elles ont d'adresse et d'activité. Ils sont en outre munis d'un aiguillon, dont ils se servent pour se défendre lorsqu'ils sont attaqués ou qu'ils croient l'être. Si vous cueillez un raisin, une pêche, une prune, et qu'une guêpe soit logée dans l'intérieur de ces fruits, elle vous piquera, parce qu'elle se figurera qu'elle court un danger ; mais vous pouvez la laisser voltiger autour de vous et même se promener sur vos mains ou votre visage sans craindre qu'elle fasse usage de son aiguillon, dont la piqûre est assez douloureuse, parce qu'il communique avec un appareil rempli d'une liqueur âcre et venimeuse.

Les hémiptères ont une autre arme ; c'est un stylet droit et corné qu'ils enfoncent dans l'écorce des plantes ou dans la peau des animaux, et qui se replie entre leurs pattes. Quant à leurs ailes, les deux paires sont quelquefois transparentes, d'autres fois la paire supérieure est cornée tout entière ou seulement en partie. La punaise brune ou verdâtre qui communique aux fruits de nos jardins sur lesquels elle a passé une si détestable odeur, appartient à l'ordre des hémiptères.

Les diptères n'ont que deux ailes, au-dessous desquelles on voit une petite tige, appelée balancier, qui facilite leur vol. Les innombrables mouches, fléau des villes et des campagnes, les cousins qui nous piquent cruellement, les taons, les œstres qui tourmentent le bétail, les affreuses mouches carnivores qui déposent leurs larves dans nos aliments, et les nuées de petits moucherons bourdonnants qui nous entrent quelquefois dans les yeux, sont des diptères.

Enfin, il y a des insectes dépourvus d'ailes, ou du moins qui n'en ont que des vestiges, et qui semblent être des hémiptères dégradés. Ils forment la caste immonde qui vit en parasite sur le corps de l'homme et des animaux : ainsi le pou et la puce.

III.

COLÉOPTÈRES.

Cerf-volant. — Rhinocéros. — Stercoraires. — Cantharide. — Hanneton. — Cétoine. — Criocères. — Coccinelle. — Cicindèle. — Carabes. — Fossoyeurs. — Vers luisants.

La grande famille des coléoptères ne compte pas moins de soixante-quinze mille espèces. Elle tient le premier rang parmi les insectes et joue dans la nature un rôle très-important.

« Un grand nombre d'entre eux, dit M. Chenu dans l'*Encyclopédie d'histoire naturelle*, surtout ceux de la famille des carabiques, sont destinés à détruire des quantités considérables d'insectes qui attaquent les végétaux ; d'autres, les nécro- phages, contribuent à débarrasser le sol des animaux morts. Les uns n'ont pour mission que de hâter la décomposition des végétaux ; les autres doivent limiter la reproduction de ces végétaux en attaquant leurs feuilles, leurs tiges et surtout leurs graines, si nombreuses dans certaines espèces.

« Certaines sous-divisions se composent d'es- pèces destinées à détruire le bois mort; d'autres n'attaquent que les végétaux languissants et malades.

« Les coléoptères, comme les animaux les plus élevés dans la série animale, vivent plus ou moins en société quand ils ne sont pas obligés de pourvoir à leur existence par la chasse et la ra- pine. Cependant on ne trouve pas chez eux de ces associations organisées en république ou en monarchie, comme on en voit des exemples si curieux dans d'autres ordres, tels que les abeilles, les termites, les fourmis, les guêpes, etc.

« Ceux qui se réunissent en grand nombre pour vivre ensemble appartiennent aux groupes qui se nourrissent de végétaux, et qui, à l'exemple des mammifères herbivores, paissent tranquillement et sans combat. Du reste, comme ces animaux concourent aussi au même but final, au maintien de cette belle harmonie qui se remarque dans la nature, et qui est la seule garantie d'un ordre de choses perpétuel, leur rôle est tout à fait analogue à celui que jouent les animaux plus grands. Les carnassiers, et principalement les carabes, les cicindèles et quelques autres groupes, peuvent être comparés aux lions, aux loups, aux aigles, qui, dans les animaux supérieurs, ne se nourrissent que d'animaux vivants ou morts.

« Il y a dans les coléoptères, comme nous l'avons déjà dit, des groupes entiers destinés à faire disparaître les cadavres, à être les fossoyeurs de la nature (nécrophores, sylphes, etc.), comme on en trouve dans les mammifères et les oiseaux, (hyènes, vautours, etc,); d'autres nettoient le sol, en dévorant les fientes et les excréments des autres animaux ; quelques-uns façonnent avec ces matières des boules dans lesquelles ils déposent leurs œufs, et qu'ils roulent, à l'aide de leurs pattes, dans des trous creusés par eux; ils mettent ainsi leurs œufs à l'abri et assurent la nourriture nécessaire aux petites larves qui en naîtront.

« Nous trouvons aussi dans les coléoptères des quantités d'espèces qui représentent ces nombreux animaux de toutes les classes destinés à vivre de végétaux et qui doivent devenir la nourriture des carnassiers. Sans les animaux herbivores, les carnassiers ne pourraient pas exister, et sans les carnassiers, qui maintiennent l'équilibre, les herbivores mourraient bientôt de faim; car ils finiraient par dépouiller la terre de tous ses végétaux.

« Les coléoptères se trouvent sur la terre, dans l'air et dans les eaux. Ils sont répandus sur toutes les parties du globe, mais inégalement, comme tous les êtres. Les lieux seuls qui sont privés de végétaux sont aussi privés d'insectes; en sorte qu'on peut dire qu'ils sont subordonnés à la végétation. »

Il ne faut donc pas s'étonner de ce que les forêts vierges aient des coléoptères bien plus grands et plus forts que ceux qu'on voit dans nos jardins et dans nos bois. Ils sont armés de véritables cisailles, grâce auxquelles ils coupent les branches, entament l'écorce des arbres, et doués d'un appétit si grand, qu'ils font disparaître un grand nombre de plantes mortes ou vivantes, et que ceux d'entre eux qui sont carnassiers dévorent une multitude de petits animaux dont la fécondité deviendrait un danger ou dont les cadavres nuiraient à la salubrité de l'air.

Le lucane ou cerf-volant, un des plus grands

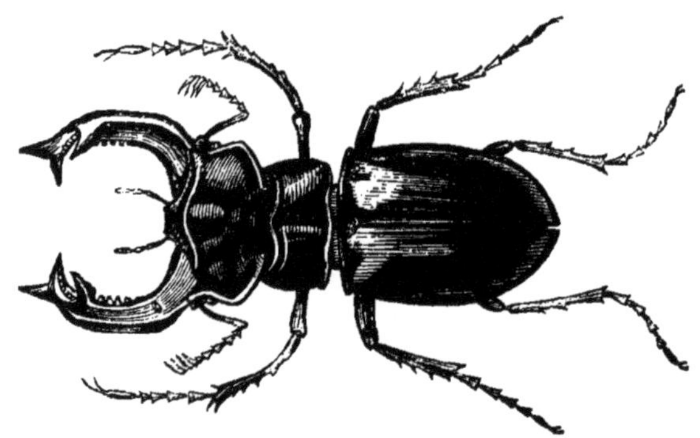

coléoptères de nos régions tempérées, peut nous donner une idée des scarabées géants, si communs sous les chaudes latitudes. Les mandibules du mâle, qui simulent un bois de cerf, peuvent, en se resserrant, entamer le doigt qui se risque imprudemment entre leurs dents pointues, et elles donnent à l'insecte la faculté de soulever un fardeau. Le lucane est doué d'une si grande force, que Linné dit qu'un éléphant aussi bien doué que ce petit animal pourrait ébranler une montagne.

Le cerf-volant n'est pas aussi redoutable que son aspect le ferait supposer. Il vit de la feuille et de la séve des chênes ; aussi la femelle ou biche dépose-t-elle ses œufs dans les vieux troncs de ces arbres. La larve qui en sort ressemble au ver blanc du hanneton ; elle vit plus de trois ans et occasionne souvent de grands dégâts.

Un autre ennemi du chêne est le grand capricorne, d'un brun noir, dont la larve creuse des galeries jusqu'au cœur des plus beaux arbres et oblige à faire du bois de chauffage des troncs qui auraient pu fournir de magnifiques pièces de charpente.

Les gros vers du chêne passaient à Rome pour un mets délicieux, et l'on mange encore à la Guyane les larves d'un gros scarabée qui dépose ses œufs dans un arbre nommé fromager.

Toutes les larves des coléoptères sont des vers mous et blanchâtres, et rien ne pourrait faire supposer qu'ils dussent plus tard revêtir une armure aussi complète que celle des preux chevaliers. Cependant elles ont déjà la tête écailleuse et les fortes mâchoires qui caractérisent les scarabées ; et comme elles vivent plus longtemps à l'état de larves qu'à celui d'insectes parfaits, elles font beaucoup de mal.

Le goliath géant de la côte de Guinée est le plus grand et le plus beau des coléoptères. Son corselet et ses élytres, d'un jaune clair, sont marqués de bandes d'un brun noir, à reflets métalliques. Ce géant n'a pas les longues pinces de notre cerf-volant; mais plusieurs scarabées des chaudes régions ont pour arme un prolongement de l'os frontal, qui forme une corne.

Un gros coléoptère brun, dont la larve coupe les racines des plantes dans les potagers où l'on se sert de l'écorce de chêne, quand elle a été employée par les tanneurs, doit à cette corne qu'il porte au front le nom de rhinocéros ou de licorne. Il est commun dans les environs de Paris.

Les stercoraires, d'un noir bleuâtre, qui se nourrissent des excréments des chevaux et des bœufs, se rapprochent du rhinocéros par leur goût pour les matières végétales en décomposition. Un autre coléoptère noir, sans ailes, le blaps, exhale une odeur fétide et se traîne dans les lieux humides et obscurs.

Certains scarabées, au nombre desquels nous citerons la cantharide, fournissent à la médecine ún caustique dont elle fait un fréquent usage. La cantharide a le corps et les élytres d'un beau vert ; on la trouve quelquefois dans le cœur d'une rose ; mais elle préfère à tous les autres végétaux le frêne et le lilas. On la sèche, on la réduit en poudre et l'on en fait des vésicatoires.

Le hanneton n'est que trop connu par les ravages qu'il cause, tant à l'état de larve qu'à celui d'insecte parfait. Il ne vit pas au grand jour pendant plus de six semaines ; encore se tient-il à l'abri sous les feuilles tant que le soleil brille ; mais la durée de son existence est de trois ans.

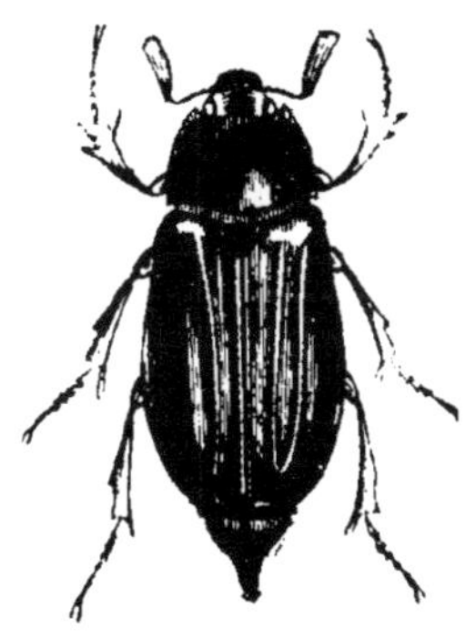

Pendant leur première année, les larves, connues sous le nom de vers blancs, mangent peu ; mais elles deviennent ensuite d'une incroyable voracité. Elles se creusent des galeries souterraines, et malheur aux plantes dont elles rencontrent les racines ! Les salades et les fraisiers leur plaisent surtout ; mais elles savent se contenter d'autres végétaux quand ceux-là leur manquent ; et lorsqu'elles ont atteint toute leur force, elles s'attaquent aux arbustes et même aux arbres, qu'on voit bientôt languir et se faner. Si on les arrache alors, on voit les racines entamées sur toute leur longueur, comme par la dent des rats ; mais on sait bien qui l'on doit accuser de ce méfait, car il n'est pas rare qu'on recueille les vers blancs par poignées autour de l'arbre mort. De grandes pièces de terre, des champs, des prairies, sont en quelques semaines dévastées d'un bout à l'autre, et l'on voit l'herbe et le blé tomber sur le sol comme si on les avait coupés avec la faux.

Quand l'hiver arrive, les larves s'enfoncent dans la terre et s'y engourdissent pour recommencer de plus belle leurs ravages au printemps. Leur dernière année venue, elles s'enfoncent encore plus profondément, sans attendre que le froid se fasse sentir ; elles s'enveloppent d'une sorte de gélatine qui sort de leur bouche et qui se durcit et forme une coque dans laquelle les pattes, le corps et les élytres du hanneton se façonnent peu à peu. L'insecte parfait mais encore pâle et mou passe l'hiver dans cette coque et ne sort de terre que vers la fin d'avril.

« Alors commence un autre ordre de ravages. Sous leur nouvelle forme ces insectes ne s'attaquent plus aux racines ; ils dévorent les feuilles de nos forêts, les fruits de nos arbres. Leurs légions ailées sont quelquefois si nombreuses, que les bois et les vergers de tout un district agricole se trouvent dépouillés par ces ravageurs.

« En 1688, les hannetons parurent par mil. liers sur les haies et sur les arbres de la côte sud-ouest du comté de Galway. Ils se formaient en groupes, suspendus au dos les uns des autres, à la manière des abeilles. Durant le jour ils restaient ainsi dans un état d'immobilité ; mais vers le coucher du soleil, toute la masse se mettait en mouvement. Le bruit de leurs ailes résonnait alors comme un bruit de tambours dans l'éloignement. Leur armée était si innombrable, qu'ils obscurcissaient l'air sur une distance de trois à quatre milles carrés. Les personnes qui voyageaient sur les routes ou qui étaient dispersées dans les champs avaient de la peine à retrouver leur chemin, tant leur visage était incessamment battu par ces insectes, comme par une grêle vivante. En très-peu de temps les feuilles de tous les arbres, à plusieurs milles à la ronde, furent détruites, laissant ainsi le paysage, — quoique ce fût au milieu de l'été, — aussi nu, aussi désolé qu'il eût pu l'être au milieu de l'hiver. Le bruit que faisaient ces essaims en saisissant et dévorant les feuilles était si éclatant, qu'on l'a comparé au bruit que fait à distance le sciage d'une grosse pièce de bois. Les porcs et les oiseaux de basse-cour détruisirent, Dieu merci ! un grand nombre de ces envahisseurs. Les cochons et les poules montaient la garde sous les arbres où pendaient les grappes de hannetons et les dévoraient par essaims, au point de s'engraisser merveilleusement. Les Irlandais eux-mêmes, quand ces insectes eurent détruit tout le produit de leurs terres, adoptèrent une méthode pour cuire les hannetons et les mangèrent (1). »

La femelle du hanneton choisit pour pondre les terres légères et bien fumées, où sa progéniture pourra trouver une nourriture abondante ; elle creuse le sol à l'aide de ses fortes pattes et

____

(1) Franklin, *la Vie des Animaux.*

dépose à quinze ou dix-huit centimètres de pro-
fondeur une trentaine d'œufs d'un blanc jaunâtre, gros comme des grains de chènevis. Cela
fait, elle ne tarde point à mourir.

Un autre coléoptère qui ressemble au hanneton, mais dont les élytres brillent d'une riche
teinte dorée, est la cétoine, qui ne se nourrit que
du suc des fleurs, et dont les larves, ne rongeant
que le bois pourri, sont tout à fait inoffen-
sives.

Les criocères, aux élytres rouges, qu'on trouve
en quantité sur les lis, font entendre un petit
bruit strident que les enfants écoutent en portant
à leur oreille la main qui sert de prison à ces
coléoptères.

Les asperges, les artichauts, les chardons ont
aussi leurs criocères. Enfin, les céréales et les légumes secs sont trop souvent habités par les
charançons, sorte de petits coléoptères dont la
larve se nourrit aux dépens du grain et ne laisse
qu'une coque à peu près vide quand elle est
arrivée à l'état d'insecte parfait.

La jolie coccinelle à manteau rouge ou jaune
piqueté de noir, à laquelle nous nous garderons
bien d'ôter le nom de bête à bon Dieu, qui la fait

respecter même des enfants, dont l'âge est sans pitié, est non-seulement inoffensive, mais encore utile. Elle débarrasse les plantes de divers insectes et surtout des pucerons.

La cicindèle, que Linné surnommait le tigre des insectes, doit aussi être épargnée. On la voit courir au soleil le long des allées sablées des jardins, et on la reconnaît à ses longues pattes, à sa vive allure, à ses élytres d'un vert brillant, ordinairement mouchetés de points blancs, et à son corselet à reflets cuivrés. Une autre espèce, d'un vert plus terne, habite les bois, qu'elle délivre d'une foule de petits animaux nuisibles, et une autre plus grande et plus forte a les élytres bruns marqués de blanc.

Les carabes sont encore mieux armés pour la chasse et plus âpres à la curée que les cicindèles. Ils font une guerre acharnée aux chenilles et attaquent même les hannetons. Le carabe doré, plus connu sous le nom de jardinière, abonde dans nos champs et dans nos parterres. Son corps est ovale et bombé, ses antennes et ses pattes sont longues, ses élytres épaisses brillent d'un vif éclat.

D'autres ont la cuirasse noire et terne; mais

ils ne doivent pas moins être épargnés, car ils ne sont pas moins utiles. D'autres encore ont des teintes violacées ou pourprées, et l'on trouve dans le midi de la France des carabes dont rien n'égale la magnificence.

Les calosomes ressemblent aux carabes par leur forme un peu moins allongée; toutefois, ils habitent les bois et se font remarquer par leur corselet d'un beau bleu glacé de brun et leurs élytres dorés. Ils détruisent des milliers de chenilles, sans attendre pour cela qu'ils soient parvenus à l'état d'insectes parfaits.

De ces espèces guerrières, passons à celles qui, remplissant les fonctions de fossoyeurs, nettoient le sol des cadavres des animaux. Doués d'un odorat des plus subtils, les coléoptères nécrophores arrivent en troupes pour dévorer les restes d'une grenouille, d'un crapaud, d'un poisson. Leurs élytres sont parfois noirs, et plus souvent bigarrés de jaune et de noir.

Les silphes ou boucliers, dont la forme est large et arrondie, la couleur sombre et l'odeur repoussante, font promptement disparaître les restes des quadrupèdes abandonnés le long des chemins ou des oiseaux morts dans les champs; ils n'en laissent que le squelette et la peau. Leurs larves déposées dans les chairs putréfiées s'en nourrissent avidement.

Les staphylins aux élytres écourtés ont de longues ailes et se nourrissent de proies vivantes aussi bien que de cadavres.

Les dermestes vivent sur le lard et dans les fourrures qu'ils rongent sans se soucier de leur beauté.

Le ver luisant est encore un coléoptère; mais la femelle, beaucoup plus brillante que le mâle, n'a pas d'ailes et ressemble plutôt à la larve qu'à l'insecte parfait.

La luciole, très-commune en Italie, est une espèce de ver luisant dans laquelle le mâle et la femelle ont des ailes et brillent de la même lueur phosphorescente. On les voit, la nuit, voler en si grand nombre, qu'ils ressemblent aux étincelles d'un feu d'artifice.

Certains coléoptères de l'Amérique méridionale répandent une vive lumière. Les indigènes les attachent à leurs pieds pour leur servir de lanternes, et l'on peut lire en s'approchant assez d'un de ces insectes.

« La nuit, ils s'élèvent par milliers à travers

les feuillages. Lors de la conquête espagnole, une troupe nouvellement débarquée et en hostilité avec les premiers arrivants, crut voir les mêches d'arquebuses prêtes à faire feu et n'osa engager le combat. Ces insectes deviennent des bijoux vivants d'un bien autre éclat que les pierres précieuses. On les introduit le soir dans de petits sacs en tulle léger qu'on dispose avec goût sur les jupes. Il en est d'autres à qui on passe sans les blesser une aiguille entre la tête et le corselet, et on la pique ensuite dans les cheveux pour maintenir la mantille, en les entourant de plumes d'oiseaux et de diamants, ce qui forme une éblouissante coiffure. Voici quelques détails que nous empruntons à ce sujet à M. Chenut :

« Ces insectes servent de jouet aux belles dames créoles de la Havane, où ils sont appelés cucujos. Souvent, par un charmant caprice, elles les placent dans les plis de leur blanche robe de mousseline, qui semble alors réfléchir les rayons argentés de la lune, ou bien elles les fixent dans leurs beaux cheveux noirs.

« Cette coiffure originale a un éclat magique, qui s'harmonise avec le genre de beauté de ces pâles et brunes Espagnoles.

« Une séance de quelques heures dans les cheveux ou sous les plis de la robe d'une senora doit fatiguer ces pauvres insectes habitués à la liberté des bois. Cette fatigue se révèle par la diminution ou la disparition passagère de la lumière qu'ils émettent; on les secoue, on les taquine pour la ramener. Au retour de la soirée, la maîtresse en prend un grand soin, car ils sont très-délicats. Elle les jette d'abord dans un verre d'eau pour les rafraîchir; puis elle les place dans une petite cage où ils passent la nuit à jouer et à sucer des morceaux de canne à sucre. Pendant tout le temps qu'ils s'agitent, ils brillent constamment, et alors la cage, comme une veilleuse vivante, répand une douce clarté dans la chambre. » Leurs larves se trouvent à l'intérieur du bois; c'est ce qui explique comment, au milieu du siècle dernier, le peuple du faubourg Saint-Antoine fut agité d'une frayeur superstitieuse, des cucujos, sortis de morceaux de bois des îles, s'étant répandus la nuit dans un atelier (1). »

______

(1) M. GIRARD, *les Métamorphoses des Insectes.*

IV.

ORTHOPTÈRES.

Sauterelle. — Criquet voyageur. — Grillons..— Forficules.
— Blattes. — Mantes.

La famille des orthoptères ou insectes à ailes droites ne renferme que peu d'espèces ; mais ces animaux, doués d'une insatiable voracité, voyagent en légions si nombreuses, qu'ils constituent pour les pays sur lesquels ils s'abattent le plus terrible des fléaux.

La Bible nous apprend que Dieu fit de l'invasion des sauterelles une des plaies de l'Egypte, et

3.

le prophète Joël les compare à un feu qui dévore
tout. « Devant elles, dit-il, est l'Eden, et derrière elles est le désert. Le son de leurs ailes est
pareil au bruit des chariots et des chevaux cou-
rant au combat. Elles bondissent avec le bruisse-
ment du feu qui dévore le chaume ou avec celui
d'une grande multitude rangée en bataille. Devant leur face le peuple souffre mille maux et les
visages deviennent noirs. Elles courent comme
des hommes forts, elles grimpent à l'assaut
comme des gens de guerre ; chacune marche en
suivant sa voie, et rien ne peut briser leurs
rangs. »

Disons toutefois que ce n'est pas à la sauterelle
proprement dite que ces méfaits doivent être at-
tribués, mais au criquet voyageur, qui lui ressemble beaucoup. On a longtemps confondu ces
deux espèces ; et quoique les naturalistes reconnaissent le criquet à ses antennes courtes et
épaisses et à l'absence de la longue tarière qui
termine le corps de la sauterelle, on a conservé
l'habitude de donner le nom de ce dernier insecte
à l'animal dévastateur qui, voyageant en hordes
immenses, ne laisse sur son passage que ruine et
désolation.

C'est encore à tort que dans beaucoup de pays on donne le nom de cigale à la grande sauterelle verte qu'on voit souvent dans les prairies et qui, vers la fin de l'été, fait entendre pendant toute la nuit son chant monotone.

Le chant de la sauterelle, comme celui du grillon, du criquet, de la cigale, ne sort pas du

gosier ; il est produit par les élytres qui s'entre-choquent comme des cymbales.

Le criquet voyageur chante en plein jour ; il aime le soleil et cherche les lieux arides. On pense que les nuées qui s'abattent trop souvent sur l'Afrique partent des déserts de l'Arabie ou de la Tartarie, et sont aidées dans leur migration par les vents d'est.

Les larves du criquet ressemblent beaucoup à l'insecte parfait ; il ne leur manque que les ailes ; mais si jeunes qu'elles soient, leur appétit est si vorace, que les dégâts qu'elles produisent sont incalculables. Elles marchent réellement comme une armée en bataille ; rien ne les arrête, rien ne les détourne de leur chemin ; elles escaladent les montagnes, grimpent aux murailles et aux arbres, entrent dans les maisons, comblent les tranchées pleines d'eau, éteignent sous leur nombre les bûchers allumés pour les détourner ou les détruire. Elles voyagent en colonnes serrées et elles semblent se reproduire indéfiniment ; quand on croit qu'il n'y en a plus, de nouvelles cohortes arrivent et achèvent de dévorer ce que les premières ont laissé.

Quarante-cinq jours séparent le moment où les larves sortent de l'œuf de celui où elles subissent leur dernière transformation. Elles se suspendent alors par leurs pattes de derrière à quelque buisson, à quelque branche, à quelque saillie de roc ; elles y restent jusqu'à ce que leur tête brise l'enveloppe. A l'aide d'un dernier effort, elles retirent leur corps du fourreau, sèchent leurs ailes et recommencent à manger.

En 1794, une invasion terrible eut lieu en Afrique, et elle se renouvela, toujours plus nombreuse, pendant trois années de suite. Un vent violent du nord-ouest précipita leurs légions dans la mer, qui plus tard les rejeta sur la plage où elles formèrent une énorme digue.

A plusieurs reprises, nos possessions algériennes ont été ravagées par ces insectes redoutés ; en 1845 et 1847, ils les dévastèrent entièrement, et au mois d'avril 1866, des nuées parties du grand désert s'abattirent de nouveau sur toute la colonie. Elles étaient si épaisses, qu'elles voilaient la lumière du soleil. Les céréales, les plantes potagères, les vignes, les oliviers, les cotonniers, tout fut dévoré, et la famine devint si terrible, qu'on vit des Arabes déterrer des cadavres pour s'en nourrir.

L'Italie, l'Espagne et le midi de la France ont eu aussi leurs invasions de sauterelles ; la Pologne, la Russie, l'Angleterre n'en ont pas été exemptes ; mais l'Afrique surtout est le théâtre de leurs dévastations. Non-seulement elles y amènent la famine, mais encore en mourant elles laissent sur le sol des masses qui, en se putréfiant, vicient l'air et occasionnent de terribles épidémies.

Le grillon du foyer ou grillon domestique, vulgairement appelé cri-cri, du bruit qu'il fait entendre en se promenant la nuit dans les cuisines et les boulangeries, aime la chaleur et passe tout le jour blotti derrière les plaques des cheminées ou dans les crevasses des fours. Il est d'un gris foncé, et quoiqu'on prétende, dans certaines con-

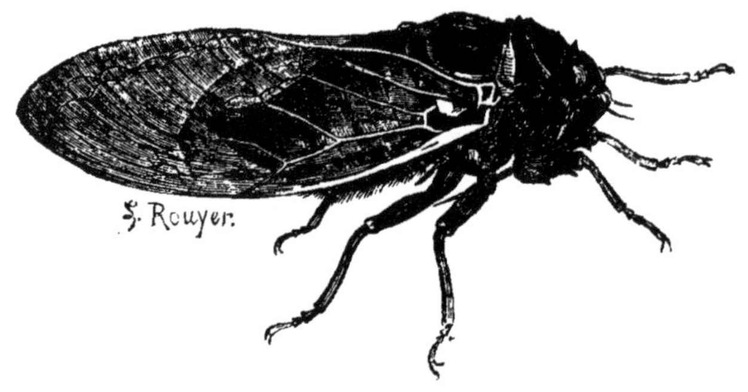

trées, que sa présence porte bonheur à la maison, il devient un hôte incommode et nuisible quand sa famille est nombreuse. Il touche aux provisions, et même au linge humide pour lequel il paraît avoir un goût prononcé. Son chant d'ailleurs ne plaît pas à tout le monde; il a quelque chose d'aigre et de monotone, qui agace et qui attriste, si toutefois on peut appeler chant le bruit qui résulte du choc de ses élytres. Les mâles seuls font entendre ce bruit; aussi le poële Xénarque, dans une pièce intitulée *le Sommeil,* dit aux grillons : « Que vous êtes heureux, vous qui avez des femmes silencieuses ! »

Le grillon sylvestre habite les bois, comme son nom l'indique. Il est beaucoup plus petit que le grillon domestique et que le grillon-taupe, appelé courtilière.

Le grillon-taupe saute assez mal et vole peu ; mais il fouille la terre avec une force et une dextérité remarquables. Il a les pattes de devant larges, robustes, propres au travail comme celles de la taupe; aussi peut-on les appeler des mains. Il vit de végétaux, quand il n'a pas mieux; mais il préfère les insectes et les poursuit en creusant dans le sol de vastes galeries qui font le plus grand tort aux racines des plantes. La plupart des jardins dont le sol est humide servent d'asile aux courtilières. Au centre des galeries qu'elles ont établies, elles font leur nid, qui consiste en une chambre ronde ou ovale, bien unie et comme cimentée tout autour; elles y déposent une centaine d'œufs, qui éclosent vers le mois de septembre, et dont la mère soigne les larves avec sollicitude. Ces larves vivent un an avant de se changer en nymphes, et elles n'arrivent que l'année suivante à leur dernière transformation.

Les forficules, plus connus sous le nom de perce-oreilles, habitent aussi nos jardins; ils mangent le cœur des roses, des dahlias, des œillets, entrent dans les fruits et les rongent sans endommager l'épiderme. Les œufs abrités sous une écorce donnent naissance à de petites larves blanchâtres, que la mère garde et nourrit jusqu'à ce qu'elles soient devenues fortes et armées d'une cuirasse brune.

Il ne faut pas croire, comme le nom vulgaire de ces insectes pourrait le faire supposer, qu'ils s'introduisent dans les oreilles et donnent la mort en pénétrant de là dans le cerveau. Ils sont tout à fait inoffensifs et ne doivent le surnom de perce-oreilles qu'à la ressemblance des pinces qui terminent leur corps avec celles dont on se servait autrefois pour percer les oreilles, afin d'y passer des anneaux.

Les blattes sont plus nuisibles que les forficules; on en trouve dans les bois, comme dans les maisons; leur corps aplati se glisse dans les rainures des portes, dans les fentes des caisses; elles mangent les provisions et les vêtements. Les cancrelats, appelés aussi cafards et bêtes noires, encore plus dégoûtants que les blattes, nous ont été apportés par les navires venus de l'Orient et de l'Amérique.

Un autre groupe d'insectes orthoptères nous rend, au contraire, des services, en détruisant une grande quantité de mouches, de chenilles, etc. Nous voulons parler des mantes, que nos lecteurs ont peut-être confondues avec les sauterelles, quoiqu'elles en diffèrent beaucoup par leur structure et leur attitude. Les mantes ont le corselet très-mince, la tête très-petite, les jambes fortes et garnies de piquants acérés. Ce sont des insectes guerriers : à peine sortis de l'œuf, ils s'entre-tuent ; et lorsqu'ils grandissent, ils savent guetter et saisir leur proie avec autant de patience que d'adresse.

Dans le midi de la France on les désigne sous le nom de prie-Dieu, parce que leur pose est celle d'une personne qui joint les mains dans sa prière. La plus petite espèce s'appelle aussi mante oratoire, et la plus grande mante religieuse. On prétendait autrefois que la mante remettait dans le bon chemin le voyageur égaré, et le lui désignait en étendant une de ses pattes. La légende raconte aussi qu'un saint, ayant rencontré dans un sentier la mante religieuse, la pria de chanter les louanges de Dieu; ce qu'elle fit aussitôt. Nous ignorons quel fut le chant de la mante; mais ce que nous savons, c'est que le dernier des insectes chante à sa manière un hymne au Créateur, qui l'a pourvu d'organes parfaits et merveilleusement appropriés à ses instincts.

V.

NÉVROPTÈRES.

Libellule. — Fourmilion. — Ephémères. — Phryganes. — Termites.

La libellule est le plus bel insecte de l'ordre des névroptères, qu'on reconnaît à leurs quatre ailes d'un tissu si fin, si transparent, qu'aucune dentelle ne saurait leur être comparée. L'élégance de formes et la riche parure de la libellule lui ont fait donner le surnom de demoiselle ; et pour peu qu'on la contemple volant au-dessus des eaux, faisant resplendir au soleil son corselet d'émeraude et d'or, étendant et redressant avec coquetterie ses ailes d'azur, on est forcé de convenir que ce surnom est bien choisi.

En Angleterre, où le vorace appétit de la libellule a été plus remarqué que sa grâce et sa beauté, on l'appelle mouche-dragon.

Le vol de la libellule est rapide; elle le dirige en avant et en arrière sans se retourner, ses gros yeux, aux douze mille lentilles, lui permettant de distinguer sa proie dans un cercle très-étendu. De si loin qu'elle l'aperçoit, elle se précipite comme l'éclair, sans que ses ailes étendues cessent d'être immobiles; elle fond sur sa victime, la saisit et la dévore toute vivante. Elle s'élance quelquefois si haut, que l'œil a peine à la suivre; c'est qu'elle a vu une mouche, un papillon, un cousin ou quelque autre insecte s'ébattant dans les airs.

« Quels organes ne fallait-il point à un tel animal! dit le docteur Franklin. Voyons si la nature a pourvu convenablement aux besoins et aux conditions d'une destinée si exigeante.

« Regardez sa tête : en-dessous elle est toute

bouche; en dessus elle est tout œil. Contemplez ses ailes : leurs caractères sont la force, l'activité, la puissance et la légèreté. Son corps est frêle et gracieux, il sert de gouvernail pour diriger la course de l'insecte dans l'océan de l'air. Les antennes étaient à peu près inutiles à un animal dont toute la puissance s'appuie sur la subtilité de la vision et sur la rapidité du vol. Aussi ces antennes se montrent-elles peu proéminentes. La libellule ne fait donc point exception à cette loi : telles doivent être les fonctions, tel est l'organisme (1). »

Quelques jours avant de mourir, la demoiselle laisse tomber dans l'eau des œufs d'où sortent bientôt des larves, au corps aplati et large, qui ne rappellent en rien l'élégance de leur mère, mais qui déjà sont douées de son formidable appétit. Elles rampent dans la vase à la recherche d'une proie qu'elles saisissent vivement. Elles attaquent les petits lézards d'eau, les têtards et même les poissons.

La larve se change en nymphe, c'est-à-dire qu'elle s'enveloppe d'un étui dans lequel appa-

____

(1) *La Vie des Animaux.*

raissent déjà les ailes de la libellule. La nymphe vit ainsi pendant deux ans. Le jour de sa dernière transformation arrive enfin ; elle s'accroche à la tige d'un roseau, comme pour se sécher et se réchauffer au soleil. Elle se gonfle et paraît faire des efforts pour se débarrasser de sa prison, dont les murs finissent par céder. La tête de la demoiselle apparaît, puis son dos ; elle secoue ses ailes mouillées, les étend doucement, les déploie dans toute leur longueur, semble hésiter un instant à en faire l'essai, puis s'élance hardiment dans l'air, devenu son domaine.

Le myrméléon ou fourmilion ressemble beaucoup à la demoiselle ; il a comme elle des ailes de gaze ; mais ces ailes, quoique très-étendues, manquent de force et ne peuvent le soutenir aussi longtemps ni le porter aussi rapidement. La larve de cet insecte se nourrit surtout de fourmis ; elle marche à reculons, avec une certaine lenteur ; et il lui serait difficile d'atteindre à la course ses victimes si vives et si alertes. Mais la ruse supplée souvent à la force, et la larve du fourmilion tend des piéges où vient se prendre la proie qu'il envie. Elle creuse en vingt ou trente minutes une espèce de tuyau ou d'entonnoir, au fond duquel elle se blottit, attendant qu'une fourmi se hasarde au bord de ce précipice dont le sable croule sous ses pas. La larve la saisit, la perce des crochets dont sa tête est armée, suce tout ce que contient ce corps, rejette la peau vide hors du trou et se remet à l'affût.

Quand elle a vécu ainsi pendant un certain temps, elle se fait une cellule de sable qu'elle consolide en y passant des fils et qu'elle tapisse à l'intérieur d'une tenture de soie. Là elle se change en nymphe, puis devient un insecte à quatre ailes, dont la grandeur semble hors de proportion avec la nymphe qui l'a produit.

La même particularité s'observe dans ces petits insectes au corps fluet, aux ailes d'un jaune verdâtre, qu'on trouve quelquefois collés aux vitres dans le voisinage des bois, et qu'on nomme demoiselles terrestres. Réaumur les appelait les lions des pucerons, parce qu'ils font aux pucerons une guerre acharnée.

Les éphémères, dont le nom indique la courte durée, sont ces petits insectes à quatre ailes transparentes qu'on voit, par milliers, se jouer, dans un rayon de soleil, à la surface des eaux. Les hirondelles en font volontiers leur proie, et les pêcheurs, connaissant la prédilection de la truite pour cet insecte, se servent d'une éphémère artificielle pour amorcer leur ligne.

Chaque éphémère femelle pond de sept à huit cents œufs, qui tombent au fond de l'eau et qui restent à l'état de larve et de nymphe pendant deux ou trois ans. Elles en sortent en légions si nombreuses, que leurs vieux vêtements forment une espèce d'écume à la surface des ruisseaux et des étangs. Elles s'élancent gaîment dans les airs; mais elles vivent ce que vivent la gloire et le bonheur d'ici-bas, quelques jours à peine, et souvent quelques heures.

Les phryganes, appelées mouches-caddis ou mouches-papillons, sont aussi très-nombreuses au bord des ruisseaux, des rivières, et autour des becs de gaz qui éclairent les quais. Elles s'y abattent quelquefois en nuées et ressemblent à des flocons d'une neige grisâtre. Elles déposent leurs œufs dans les eaux, comme les éphémères; quand la larve qui en sort est parvenue à sa grosseur, elle s'enveloppe dans un étui qu'elle construit elle-même, et par les deux bouts duquel sortent sa tête et ses pieds. Les matériaux employés par la larve à la construction de cette maison mouvante varient suivant les espèces.

Il y en a qui se servent de petites coquilles, d'autres de sable, de mousse, de cailloux, de brins de bois ou de feuilles ; mais ces matériaux sont invariablement reliés entre eux par des fils de soie et tapissés à l'intérieur des mêmes fils. Quelquefois les coquilles employées à cette bâtisse ont encore leurs habitants ; la phrygane les traîne avec elle. Il est à remarquer que quand sa cellule n'est point assez lourde pour se tenir au fond de l'eau, elle y ajoute une pierre plus grosse que les autres, et que quand elle veut monter à la surface, elle allége sa demeure en y soudant un morceau de bois.

N'est-ce pas la preuve d'un instinct merveilleux ? et peut-on trop admirer la sollicitude de la bonne mère nature pour ces petits êtres que l'homme dédaigne et dont il ignore même l'existence ?

Quand l'heure de se changer en nymphe est arrivée, la larve attache sa maison à la tige de quelque plante aquatique de manière à ce que l'extrémité supérieure de cette maison soit à fleur d'eau, puis elle bouche les deux issues à l'aide d'un réseau de soie brune qui se durcit

promptement. Elle y reste enfermée, s'y transforme, et en sort après avoir écarté ou coupé les
fils qui la retenaient prisonnière.

Les termites, souvent appelés fourmis blanches,
appartiennent à l'ordre des névroptères. Il en
existe deux espèces en France; et quoiqu'on
puisse les ranger parmi les insectes nuisibles, les
termites des chaudes latitudes sont encore beaucoup plus à craindre. L'espèce qu'on trouve dans
les Landes fait son nid dans les pins et les ronge
à l'intérieur sans toucher à l'écorce. Il en est de
même de tous les bois attaqués par les termites ;
et comme on ne s'aperçoit pas de leurs ravages,
ils ont quelquefois les plus fâcheux résultats.
A Agen, à Bordeaux, à la Rochelle, à Rochefort,
les termites rongent des poutres entières, et l'on
voit au Muséum, à Paris, des colonnes de bois
complétement creusées qui se rompirent dans une
maison de Tonnay-Charente, entraînant dans
leur chute une vaste salle qu'elles soutenaient.
A la Rochelle, les termites détruisirent les ar-
chives de la préfecture sans toucher à la reliure
des registres ; et partout où ils vivent on est
obligé d'enfermer le linge pour le soustraire à
leurs ravages.

Les termites se construisent des nids dont on ne peut s'empêcher d'admirer l'architecture. Dans la zone torride, ces nids, dont les murs cuits au soleil sont d'une solidité parfaite, atteignent quelquefois une hauteur de trois à quatre mètres ; ils pourraient abriter une dizaine d'hommes. Ils sont recouverts au dehors d'herbe, de lierre, de plantes grimpantes qui leur donnent l'aspect d'une butte de verdure. Des chemins couverts partent du nid et débouchent à une certaine distance : c'est en suivant ces chemins que les termites vont à la chasse, et c'est par là qu'ils rapportent leur proie au magasin général.

C'est par erreur toutefois qu'on a dit que les termites et les fourmis en général faisaient des provisions pour l'hiver ; si on les voit rouler ou traîner avec tant de peine vers la fourmilière le butin qu'ils ont fait, c'est qu'il leur est nécessaire pour nourrir les larves, espoir de leur postérité. Les termites d'ailleurs ne mangent point à ciel ouvert ; ils aiment mieux prendre la peine de conduire leur gibier jusque dans leur maison, où elles s'attablent en toute sécurité.

Un voyageur hollandais, Smeathman, qui s'est beaucoup occupé des termites exotiques, dit que chaque cité comprend un roi et une reine, des soldats et des ouvriers.

Au centre du nid se trouve la chambre royale, beaucoup plus spacieuse qu'il ne le faut pour contenir l'unique couple qui doit l'habiter; mais les ouvriers qui la construisent savent sans doute que Leurs Majestés prendront avec le temps un embonpoint formidable. Le plancher, la voûte et les murs de cette chambre sont faits d'argile solide; plusieurs portes y donnent accès; mais comme elles n'ont que la largeur nécessaire pour livrer passage aux serviteurs du roi et de la reine, ces illustres personnages sont confinés dans leur appartement, autour duquel s'alignent des galeries, des magasins, des salles où sont déposés les œufs et où les ouvrières s'occupent de l'éducation des larves. Toutes ces pièces communiquent entre elles par des ponts, des arcades, des escaliers, construits avec un art merveilleux.

L'unique fonction de la reine est de peupler la colonie, et elle s'en acquitte fort bien, car elle pond, à ce qu'on assure, plus de quatre-vingt mille œufs par jour. Les ouvriers emportent ces œufs, d'où sortent bientôt de petites larves blanches, qu'ils soignent avec sollicitude, qu'ils

aïdent à changer de peau et à opérer leur dernière transformation, quand l'heure en est arrivée. Les termites mâles et femelles prennent
alors des ailes, et sortent par légions du nid où
ils ont reçu le jour; mais ils ne s'ébattent pas
longtemps dans les airs. Au bout de quelques
heures, ils perdent leurs ailes et tombent sur le
sol, où ils sont dévorés par d'autres insectes ou
ramassés par les indigènes, qui en sont très-
friands et qui comparent ce mets, dit Smeathman.
à la moelle de la canne à sucre, à la crème sucrée,
à la pâte d'amandes douces.

Si quelque couple échappe au désastre, il est
recueilli par les ouvriers et les soldats qui l'en-
tourent pour le défendre et commencent sans
retard à lui bâtir une chambre qui deviendra le
noyau d'une nouvelle cité.

Le voisinage des termites est regardé comme
une calamité; car ces industrieuses fourmis
creusent souvent des galeries qui les conduisent
jusque dans les maisons. Elles rongent les
bois des charpentes, les meubles, le linge, les
provisions de toutes sortes. La surface extérieure
des meubles reste intacte, et un beau jour le
moindre choc les fait tomber en poussière.

Les mêmes mœurs, les mêmes habitudes, sur une échelle un peu moins grande, ont été reconnues chez les termites du midi de la France. Chaque nid a son roi, sa reine, ses ouvriers et ses soldats. Chose étrange, et qui ne les empêche pas de remplir leurs fonctions, les pourvoyeurs et les défenseurs de la cité sont aveugles.

VI.

HYMÉNOPTÈRES.

Fourmis. — Abeilles. — Bourdons. — Guêpes.

Les fourmis de nos bois et de nos jardins ont beaucoup d'analogie avec les termites, quoique les savants les classent parmi les hyménoptères. Quelques-unes bâtissent leurs maisons avec de l'argile, du limon, du sable; d'autres avec du bois seulement.

« Les nids des fourmis maçonnes ont le plus souvent, dit le docteur Franklin, deux étages,

composés de grandes chambres d'une forme ovale
irrégulière, et qui communiquent les unes aux
autres par des galeries voûtées. Les murs de ces
galeries sont aussi lisses, aussi bien polis que
s'ils avaient été passés à la truelle....

« Les constructions élevées par les fourmis
charpentières sont souvent d'une grandeur con-
sidérable et ressemblent assez à un nid de chou-
cas, renversé sur le sol.... L'extérieur de leur
nid se compose de presque toute espèce de matériaux transportables, mais surtout de tiges
d'herbes séchées et de très-petites branches
d'arbres. L'intérieur est un chef-d'œuvre d'architecture méthodique. Il y a des salles, des galeries, des appartements souterrains, comme dans
les temples de l'Egypte....

« Pendant le jour, ces fourmis de bois paraissent ne rien craindre des attaques de leurs ennemis; aussi ne construisent-elles point, à l'exemple des fourmis jaunes ou brunes, une longue route couverte qui serve à cacher leur colonie. Mais la nuit, c'est autre chose. Huber observa que, à l'approche de la nuit, les fourmis de bois rétrécissent le diamètre des spacieuses avenues à travers lesquelles une foule de ces insectes passaient librement pendant la journée. L'ouverture disparaît enfin tout à fait, le dôme est fermé de tous les côtés, et les fourmis se retirent au fond du nid. »

Quelques-unes seulement restent en sentinelle derrière les barricades faites de petits fragments de bois, de feuilles, de brins d'herbe, et le lendemain, si le temps est beau, ce dont quelques fourmis s'assurent, chacun s'empresse à démolir ces barricades; mais s'il pleut, tout reste clos.

Chaque fourmilière renferme des mâles, des femelles et des ouvrières. Ces dernières sont chargées de l'approvisionnement de la maison, du soin de recueillir les œufs, de les porter dans les chambres où ils doivent éclore, de donner la nourriture aux petites larves, de les porter au soleil, de les rentrer lorsqu'il fait trop chaud, de les préserver du froid et de l'humidité en les reportant dans des salles profondes et bien abritées, de les dérober aux attaques de leurs ennemis par une fuite précipitée.

Les larves parvenues à leur grosseur se filent une petite coque de soie dont, plus tard, les ouvrières doivent encore les aider à sortir, après avoir déchiré cette coque. Ces bonnes nourrices donnent à manger aux jeunes fourmis comme aux larves; elles les conduisent à travers les galeries et les chambres de l'habitation et leur en montrent les issues.

Les mâles et les femelles ont seuls des ailes; les ouvrières en sont privées; mais elles semblent ignorer la jalousie; car elles étalent avec des précautions infinies ces ailes si fragiles, ornement qu'elles-mêmes ne posséderont jamais.

Quand les ouvrières ne sont pas assez nombreuses pour suffire à toute la tâche dont elles sont chargées, elles attaquent une fourmilière voisine, font prisonnières les ouvrières qu'elles y trouvent et les emmènent pour partager leur travail. Et si, au lieu d'aller attaquer les autres, elles se croient menacées, elles déménagent sans oublier d'emporter non-seulement les œufs, les larves et les nymphes, mais les malades et les vieillards de la colonie.

Quelle leçon pour l'homme! Faut-il s'étonner de ce que l'Auteur de la sagesse envoie à la fourmilière, comme à une incomparable école, l'être inutile qui passe sa vie dans l'oisiveté? Si l'ordre, l'activité, l'amour du travail et le soin de la famille régnaient chez nous comme chez ces faibles insectes, le bien-être de tous et la paix de la société en seraient l'heureux résultat.

L'abeille offre encore par ses mœurs, ses institutions, ses lois, un plus curieux sujet d'étude que la fourmi. Cette étude est facilitée par l'invention des ruches de verre qui remonte au siècle dernier et par les observations de plusieurs savants, parmi lesquels il est juste de citer les deux Huber, dont l'aîné, devenu aveugle à dix-sept ans, se consola d'un si grand malheur en se livrant avec amour à l'étude des insectes et en particulier des abeilles. Ce qu'il ne pouvait plus voir de ses propres yeux, il le voyait par ceux de la compagne qu'il s'était choisie, et à laquelle il dictait le résumé de ses intéressantes observations.

Les abeilles vivent en communauté, et chacune

de ces communautés, qu'on appelle une ruche, se compose d'une reine unique, de plusieurs mâles ou faux-bourdons et d'une multitude d'ouvrières, qui ne sont ni mâles ni femelles.

La reine n'est en réalité que la mère de la ruche. Elle est plus grosse et plus grande, plus colorée et plus brillante que les autres abeilles. Ses pattes plus longues ne sont pas munies d'instruments de travail; elle n'a qu'une chose à faire, c'est de pondre. Ses ailes paraissent courtes, à cause de la longueur de son corps; et quoique son aiguillon soit fort et acéré, elle est douce et timide, excepté toutefois quand il s'agit de se débarrasser d'une rivale.

Il ne peut jamais exister qu'une reine dans chaque ruche. S'il y en a plusieurs, elles se font une guerre acharnée, et la dernière qui reste victorieuse s'empresse, pour assurer son pouvoir, de tuer, avant même qu'elles soient arrivées à l'état d'insecte parfait, les jeunes mères dans leurs cellules.

Le nombre des mâles va souvent jusqu'à quinze cents. Leurs pattes sont, comme celles de la reine, dépourvues de brosses et de cuillerons; ils sont aussi gros, mais moins allongés qu'elle; leurs ailes sont plus développées, leur couleur plus foncée et leurs yeux plus saillants.

Les ouvrières forment la partie active de la population, dont le chiffre varie entre vingt et trente mille. Les unes, qui par leur longueur ressemblent un peu à la reine, sont les architectes de la société; les autres, plus petites, en sont les pourvoyeuses. Les premières font et emploient la cire; les dernières récoltent le miel, soignent la reine et ses enfants, nettoient et gardent la ruche. Toutefois, il y a des naturalistes qui disent que les pourvoyeuses et les architectes n'ont pas des fonctions aussi absolues, et qu'après avoir été d'abord architectes ou cirières, elles deviennent nourrices.

Les ouvrières, quelles qu'elles soient, ont le milieu des pattes de derrière creusé en forme de corbeille et bordé de poils durs et serrés qui retiennent dans cette petite excavation le butin que l'abeille y dépose pour le porter à la ruche.

Rien n'est plus digne d'attention que la manière dont se commence et s'achève l'architecture d'une ruche. « Huber, dit le docteur Franklin, prit pour théâtre de ses observations une grande cloche de verre. A la voûte de cette cloche, il colla de distance en distance de fins morceaux de bois, le verre par lui-même étant trop lisse pour permettre aux abeilles de s'y maintenir. On introduisit dans cette cloche ainsi préparée un essaim, qui consistait en quelques milliers d'ouvrières, plusieurs centaines de mâles et une reine féconde.

« Les abeilles montèrent bientôt au faîte de la ruche. Les premières qui gagnèrent les morceaux de bois s'y fixèrent au moyen des pattes de devant. D'autres, escaladant les parois de la cloche, se joignirent à elles. Accrochant leurs pattes aux pattes de leurs compagnes qui les avaient devancées, elles formèrent une espèce de chaîne ou guirlande, attachée par les deux bouts à la voûte de la cloche. Cela forma une échelle ou un pont pour les autres ouvrières, dont le nombre s'accrut de moment en moment. Ces dernières s'unirent en une grappe compacte. Leur groupe présentait la forme d'une pyramide renversée, dont la base était suspendue en haut et dont la pointe descendait vers le bas de la ruche.

« La campagne, dans la saison où l'on était alors, fournissait peu de miel. On délivra aux abeilles une provision de sirop et de sucre, afin de hâter la marche de leurs travaux. Elles se rassemblèrent en foule sur les bords du vase qui contenait cette nourriture. Puis, s'étant rassasiées, elles retournèrent à leur poste et se reformèrent en groupes.

« Huber fut alors surpris d'un fait : le repos absolu de la ruche dans ce moment-là contrastait avec l'agitation habituelle du peuple des abeilles. Cependant les nourrices seules allèrent butiner dans les champs; elles revinrent avec du pollen, montèrent la garde à l'entrée de la ruche, la nettoyèrent et enduisirent les bords avec du propolis. »

C'est toujours le premier soin des abeilles de boucher les fentes et les plus petites crevasses qui peuvent se trouver dans la ruche; elles se servent pour cela d'une substance gommeuse, qu'elles empruntent aux arbres résineux et qui, plus résistante que la cire, convient mieux pour solidifier leurs travaux.

Le repos des abeilles surveillées par Huber dura quinze heures; mais le naturaliste cessa bientôt de s'étonner de cette inaction; car il reconnut que ce temps avait été employé par les ouvrières à transformer en cire le miel qu'elles avaient pris. Chacune d'elles portait sous les anneaux de l'abdomen de petites lames de cire.

Un certain mouvement se fit alors dans la ruche. Une ouvrière se détacha de la grappe vivante, se fit faire place et commença son travail.

« A l'aide d'une pince, elle saisit une lame de cire qui faisait saillie en dehors d'un de ses anneaux, puis, au moyen de ses pattes antérieures armées de griffes, elle la porta en avant de la bouche. L'insecte eut alors recours à ses mandibules et à sa trompe pour donner à la susdite lame la forme d'un ruban de cire très-étroit, imprégné d'une liqueur écumeuse. Cette trompe elle-même prit durant l'opération les aspects les plus variés et exécuta les manœuvres les plus compliquées du monde. Tantôt elle s'aplatissait comme une spatule, tantôt elle jouait le rôle d'une truelle, et tantôt encore elle dardait une pointe semblable à celle d'un crayon.

« Enfin, l'abeille appliqua ces molécules de cire à la voûte de la ruche. C'était ce que les architectes appellent poser la première pierre....

« L'abeille, après avoir pétri et mis en œuvre les matériaux qu'elle avait tirés de son propre corps, prit une seconde, puis une troisième lame de cire, et les traita selon le même système, répétant les mêmes manœuvres avec un art admirable.

« Sa tâche était terminée; car la fondatrice, quittant alors sa place, se confondit dans la foule de ses compagnes.

« Cependant l'ouvrage n'était encore qu'esquissé; car l'ouvrière n'avait fait, en définitive, qu'accumuler et conglutiner les molécules de cire. A une autre maintenant de continuer les travaux d'architecture.

« Une autre abeille, en effet, ayant de la cire sous ses anneaux, lui succéda. Elle se suspendit au même endroit que la précédente, tira une lame de cire au moyen de ses pinces, et, passant cette lame à travers ses mandibules, reprit l'ouvrage commencé.

« Quand celle-ci eut fourni sa pierre à l'édifice futur, une troisième, se détachant du sein du groupe compact auquel nous avons donné le nom de grappe ou de rideau, vint réduire en pâte ductile quelques-unes des lames dont elle était chargée, et les plaça près des matériaux accumulés par ses compagnes. Seulement elle ne les mit point en ligne droite. Une autre abeille, voyant sans doute par où péchait l'ouvrage de l'abeille maladroite, se mit en devoir de le corriger. Elle changea donc la cire de place, et, la portant vers le premier tas, rétablit la direction longitudinale des travaux.

« De toutes ces opérations combinées il résultait maintenant un bloc à surface rugueuse, qui pendait de la voûte de la ruche, sans angles sensibles et sans aucune trace de cellules. »

Dans la construction de ces cellules, les abeilles ont résolu aussi bien que le plus habile des mathématiciens le problème que la nature semble leur avoir posé d'édifier, en employant le moins de matière et en perdant le moins de place, des compartiments placés les uns contre les autres. Elles l'ont résolu en bâtissant des cellules à six pans, dont les cloisons, quoique très-minces, sont d'une solidité suffisante.

Il y a des cellules qui servent de magasins : les ouvrières les emplissent de miel et y adaptent un couvercle de cire. Les autres sont des berceaux préparés pour recevoir les œufs de la reine, et la grandeur de ces berceaux varie suivant que ces œufs doivent donner naissance à des mâles ou à des ouvrières. Les cellules d'ouvrières sont les plus petites et les plus nombreuses; celles des mâles viennent ensuite, et l'on remarque au bord des rayons de très-larges compartiments dans la construction desquels il entre cent fois plus de matériaux que dans ceux des ouvrières. Ce sont les berceaux des reines.

Quand les travaux d'une ruche sont commencés comme nous l'avons dit, d'après le patient observateur Huber, les architectes creusent dans le bloc de cire déposé par les abeilles, et ils se servent de la cire qu'ils enlèvent pour façonner les murailles des cellules. Ces murailles, d'abord molles et transparentes, se durcissent et se colorent bientôt : les ouvrières les polissent et les vernissent, en se servant de leur langue comme d'une râpe et d'un pinceau.

Dès que les berceaux sont prêts, la reine commence à pondre. Elle dépose un œuf dans chacun, sans jamais se tromper sur leur destination, c'est-à-dire sans laisser tomber l'œuf d'un faux-bourdon dans la cellule d'une cirière ou d'une nourrice. Si par hasard deux œufs s'échappaient à la fois, les ouvrières qui suivent la reine pour lui offrir du miel détruiraient aussitôt un de ces œufs.

Au bout de trois jours, une petite larve d'un blanc terne sort de chaque œuf et se roule en anneau dans le fond de la cellule. Les nourrices surveillent l'éclosion et se hâtent d'apporter à ce ver des aliments qu'elles lui dégorgent dans la bouche.

Elles le lèchent, le nettoient, et recommencent ainsi plusieurs fois par jour, avec un zèle infatigable. Grâce à ces soins, les larves grandissent vite ; car, au bout de six jours, elles ont atteint leur grosseur. Elles cessent alors de manger, et les ouvrières les enferment dans leurs cellules, qu'elles recouvrent d'une lame de cire bombée. La larve commence à filer ; elle jette de ci de là des fils de soie dont elle tapisse toute sa maison. Dans ce cocon brun, elle se transforme en nymphe, et l'on voit à travers sa peau fine et blanche les yeux, les pattes, les ailes de l'abeille.

La nymphe dort pendant sept jours ; puis, se dégageant de son enveloppe, elle déchire le couvercle de sa cellule et en sort, à la grande joie des nourrices qui l'essuient, la sèchent, lui étendent les ailes et lui apportent du miel, sans faire aucune différence entre les jeunes ouvrières et les faux-bourdons, leurs frères.

Quant aux grandes cellules, les larves qui y éclosent sont l'objet de soins tout particuliers. Leur nourriture n'est pas la même que celle des nouveaux habitants de la ruche; elle est plus succulente, et elle leur est apportée en si grande abondance, qu'elles ne peuvent la consommer. Aussi ces larves grandissent plus vite, s'étendent à l'aise dans leurs berceaux, deviennent de belles nymphes, puis des abeilles mères, destinées à périr ou à régner sur de nouveaux essaims.

Il ne faut, nous l'avons déjà dit, qu'une seule mère dans une ruche, mais il en faut une. Si elle vient à périr, par un accident quelconque, et qu'on ne puisse la remplacer, les abeilles se dispersent et ne reviennent plus. Quand elle meurt après avoir pondu, la perte est promptement réparée par l'éclosion d'une jeune reine; et quand même il n'y aurait dans la ruche que des œufs d'ouvrières, les nourrices sauraient bien fabriquer une reine. Il ne faudrait pour cela que choisir un de ces œufs, lui faire de la place en abattant quelques cellules voisines de la sienne, et apporter à la petite larve qui sortirait de cet œuf une nourriture abondante et choisie.

Si, au contraire, une jeune mère sort de sa

cellule, l'ancienne reine n'a pas plus tôt reconnu en elle une rivale, qu'elle la poursuit, l'attaque et cherche à la percer de son aiguillon. Plusieurs succombent ainsi ; mais tant qu'il en reste une, c'est trop pour la vieille reine ; elle prend le parti de quitter la ruche : toute la population habituée à la respecter, la suit, se groupe autour d'elle et se suspend à une branche d'arbre, formant ce qu'on nomme un essaim, qu'on se hâte de recueillir dans une nouvelle ruche, où il re·commence ses travaux.

S'il reste deux ou trois jeunes mères dans l'ancienne ruche, elles se font la guerre jusqu'à ce qu'une seule survive. Elle prend possession de son domaine, où elle reste pendant quelques jours, puis elle s'élance joyeusement dans les airs, non sans avoir eu la précaution de faire plusieurs fois le tour de la ruche pour la retrouver ; car l'hospitalité est inconnue chez les abeilles ; elles tuent sans pitié toute étrangère qui essaierait de se glisser au milieu d'elles.

Les faux-bourdons suivent la reine ; mais celle-ci revient bientôt pour commencer à pondre et ne sort plus, tandis qu'eux continuent à s'ébattre chaque jour au dehors, sans rien rapporter à la ruche. Il est vrai qu'ils manquent d'outils pour travailler; mais les ouvrières finissent par se lasser de les nourrir. A un moment donné, elles fondent sur ces parasites, et en triomphent d'autant plus facilement, que, n'ayant pas d'aiguillons, ils ne peuvent rendre les coups qu'on leur porte.

La mère abeille pond durant les chaleurs, mais surtout au commencement de l'été. Dès que les froids arrivent, la mère et les ouvrières tombent dans une sorte d'engourdissement d'où elles ne s'éveillent qu'au printemps. Elles mangent alors leurs provisions en attendant les fleurs, qui tardent quelquefois tant à paraître, que ces intéressants insectes mourraient de faim si le propriétaire du rucher n'avait soin de les nourrir.

Les abeilles ne vivent pas chez nous à l'état sauvage; mais en Amérique et dans plusieurs contrées de l'ancien monde, on en trouve qui font leurs nids dans les arbres et dans les fentes des rochers. Au cap de Bonne-Espérance, un oiseau bien connu des indigènes les guide vers ces ruches; aussi ne manquent-ils pas de lui laisser une part du miel qu'ils y trouvent, et les Américains, privés de ce précieux indicateur, ont inventé divers moyens de connaître la situation des nids d'abeilles sauvages pour aller enlever le miel et la cire, fruit de leurs travaux.

Les bourdons, les guêpes et plusieurs autres espèces appartiennent, comme les abeilles, à l'ordre des hyménoptères.

Les bourdons sont de gros insectes au corps velu, qui se risquent, au printemps, jusque dans nos maisons, et qui y font un si grand bruit, qu'il leur est impossible de passer inaperçus. Ceux qui nous visitent ainsi sont des femelles en quête d'une place pour leur nid. Elles choisissent ordinairement quelque trou d'un mur bien exposé au soleil, et elles y portent des brins de paille et d'herbe sèche.

Une seule femelle habite d'abord chaque nid; elle y pénètre par un chemin étroit et couvert, elle y creuse de petites cellules où elle dépose ses œufs, après y avoir amassé du miel destiné à la nourriture des jeunes larves qui ne tardent point à éclore. Ces larves donnent des ouvrières, qui agrandissent le nid, construisent des berceaux, et soignent celles qui naissent ensuite.

Vers la fin de l'été, chaque nid voit éclore une dizaine de femelles semblables à la mère, et chargées comme elle de perpétuer l'espèce, après que l'engourdissement de l'hiver sera passé. Quant à la mère, aux ouvrières, aux mâles, ils meurent tous dès que les premiers froids se font sentir.

Les guêpes ne vivent non plus qu'une année. Celles que nous voyons au printemps sont tou-

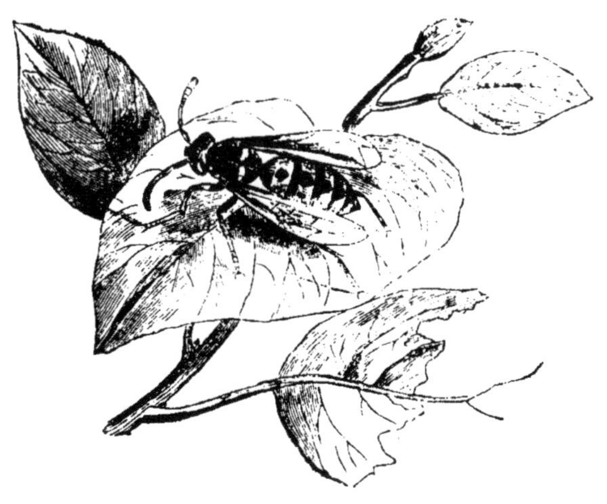

jours en bien petit nombre; ce sont des femelles qui, comme celles des bourdons, sont nées au dernier automne et ont trouvé quelque abri pour l'hiver. Chacune de ces guêpes commence par être mère, architecte et nourrice; ses premiers enfants sont des ouvrières qui la déchargent du soin de sa progéniture; aussi voit-on les guêpes se multiplier quand arrive la maturité des fruits. Elles mangent les prunes, les pêches, les raisins, attaquent les insectes et font dans les boucheries un dégât appréciable, qu'on leur pardonne toutefois ; car elles mettent en fuite les vilaines mouches carnivores.

Les bourdons, quoique bien armés, ne sont pas méchants ; on peut toucher à leurs nids sans danger. Il n'en est pas de même de ceux des guêpes, à moins que les sentinelles qui les gardent n'aient pas le temps de donner l'alarme. Les guêpes sont même plus faciles à irriter que les abeilles, et elles piquent plus cruellement.

« Leurs mœurs d'ailleurs sont paisibles. Dans leurs cités, dit M. Arthur Mangin, point de ces lois sanglantes qui souillent les ruches des abeilles. On ne demande aux femelles d'autre service que de perpétuer l'espèce. Les mâles ne sortent pas du guêpier, mais ils s'occupent dans l'intérieur à nettoyer les appartements, à enlever les cadavres des guêpes qui meurent ; en un mot, à « faire le ménage. » Aussi les laisse-t-on vivre en paix le peu de temps que la nature leur accorde.....

« Le talent architectural des ouvrières est

porté à un très-haut degré. La nature et le style de leurs constructions varient selon les espèces. Celles des guêpes communes de nos contrées sont des villes souterraines, où les habitants pénètrent par un trou de deux à trois centimètres de diamètre, pratiqué au ras du sol. A l'intérieur, les rues et les logements sont distribués avec beaucoup de symétrie. Le tout est recouvert d'une voûte épaisse, convexe, formée de plusieurs couches, entre lesquelles les architectes ont eu soin de laisser des vides, afin que la pluie ne puisse les traverser. Ces voûtes, ainsi que les murs et les cloisons des habitations, sont faites d'une sorte de papier que les guêpes fabriquent elles-mêmes avec des fibres végétales agglutinées. Les habitations sont des gâteaux plats, disposés horizontalement les uns au-dessus des autres, et divisés en cellules hexagonales très-régulières, au nombre de douze à quinze mille. Comme chacune de ces cellules sert de berceau à trois guêpes, on voit que la population d'un guêpier ne s'élève pas pour une année à moins de quarante mille individus.

« La guêpe-frelon fait son nid dans les trous des vieux murs ou dans de vieux troncs d'arbres;

d'autres l'attachent aux branches des arbres; tantôt elles les enveloppent de feuilles de leur papier, tantôt elles se dispensent de cette précaution en disposant leurs cellules horizontalement dans un gâteau dont la tranche est verticale. Ainsi fait la guêpe gauloise.

« Les guêpes des contrées tropicales, qui ont à se garantir contre les pluies diluviennes de ces climats et contre les attaques de nombreux ennemis, suspendent aussi leurs guêpiers aux arbres des forêts et les enferment dans d'épaisses murailles.

« Une de ces espèces, appelée la guêpe cartonnière, fabrique à cet effet, non pas du papier, comme font les guêpes d'Europe, mais un véritable carton, dur et résistant. Le nid des polistes, genre voisin des guêpes proprement dites et qui a pour type la poliste française, est ordinairement fixé sur une branche d'arbuste. Celui de la poliste pâle ressemble au nid de la guêpe gauloise, mais il est beaucoup plus volumineux (1). »

Les polistes sont plus petites, plus élancées, plus minces à la base que les guêpes ordinaires.

____

(1) Arthur Mangin, *l'Air et le Monde aérien.*

Leur nid peut être détaché de l'arbuste auquel il est suspendu sans qu'elles songent à le quitter ni à maltraiter celui qui l'emporte, tant elles sont occupées des soins intérieurs.

D'autres espèces de guêpes nourrissent leurs larves de petites chenilles ; d'autres leur donnent des araignées qu'elles viennent chercher jusque dans les maisons ; d'autres encore font la guerre aux abeilles, les engourdissent en les perçant de leur aiguillon et les emportent dans leur nid, quoique la victime, plus grosse qu'elles-mêmes, doive leur paraître un lourd fardeau.

Enfin, les guêpes dorées, à reflet bleu et rouge, vont pondre dans des nids étrangers, dont elles détruisent les œufs, pour que leurs larves héritent des provisions amassées par des mères plus laborieuses.

« Ces observations, dit Réaumur, nous apprennent que l'esprit d'injustice ne nous est pas aussi particulier qu'on le croit ; qu'on le trouve chez les plus petits animaux comme chez les hommes ; que parmi les insectes, comme parmi nous, on veut usurper le bien d'autrui et s'approprier ses travaux. Pendant qu'une mouche était allée se charger de matériaux pour ajouter ce qui manquait à une cellule, M. du Hamel a vu plus d'une fois une autre mouche entrer sans façon dans cette cellule, s'y tourner et retourner en tous sens, la visiter de tous côtés, travailler à la ragréer comme si elle lui appartenait. La preuve qu'elle le faisait à mauvaise intention, c'est que, quand la vraie maîtresse arrivait, chargée de matériaux, la place qui lui était nécessaire pour les mettre en œuvre ne lui était point cédée par l'autre; elle était obligée de recourir aux voies violentes pour se conserver la possession de son bien; elle était forcée de livrer un combat à l'usurpatrice, qui était prête à le soutenir. »

VII.

LÉPIDOPTÈRES.

Papillons diurnes, crépusculaires, nocturnes. — Vers à soie.
— Phalènes. — Teignes.

Aucun insecte n'est plus beau que le papillon,
aucun peut-être n'est plus laid que la chenille ;
cependant le papillon et la chenille ne sont qu'un
seul être examiné à deux époques de son existence. Le même contraste existe à ces deux
époques entre les habitudes de cet insecte : le
papillon, aux riches couleurs, aux formes élégantes, qui s'ébat à la lumière du soleil, est

aussi inoffensif qu'il est beau ; il n'a pour nourriture que le suc des fleurs sur lesquelles il voltige
sans rien leur enlever de leur fraîcheur ; la chenille, au contraire, douée d'un appétit dévorant,
le satisfait aux dépens des arbres de nos jardins
et de nos forêts, des arbustes de nos parterres et
des choux de nos potagers. Le papillon est l'ornement des airs ; mais on oublie de l'admirer quand
on songe aux dégâts que causeront un jour ses
nombreux enfants.

Chaque papillon femelle dépose sur les végétaux ou sur d'autres substances plusieurs centaines d'œufs, d'où sortent des larves appelées
chenilles. Les chenilles rampent comme les vers ;
seulement elles ont des pattes dont le nombre
varie. Leur tête est cornée et de fortes mâchoires
leur permettent d'assouvir leur robuste appétit.
Beaucoup sont nues, d'autres sont hérissées de
courtes soies ; d'où est venu le nom de chenille
donné au cordon soyeux dont nous entourons les
globes de nos pendules ou dont on fabrique divers
ornements.

Quant à la couleur, elles sont blanchâtres,
grises, vertes, brunes ; il y en a dont la robe est
mouchetée de points éclatants, d'autres qui se

confondent par leur nuance avec les feuilles sur lesquelles elles vivent. Les petits papillons blancs, très-communs dans les beaux jours, ont une prédilection marquée pour les résédas en pots, et

leur larve a déjà dépouillé de la plupart de leurs feuilles ces plantes odorantes avant qu'on puisse la distinguer de ces feuilles dont elle a tout à fait la teinte.

Les chenilles changent trois ou quatre fois de peau avant de passer à l'état de chrysalide.

5.

Quand le moment est venu pour elles de procé-
der à cette grande transformation, elles laissent
sortir de leur bouche des fils de soie qui servent
à suspendre à quelque branche la coque dans laquelle elles s'enferment. Ces fils sont plus ou
moins longs, plus ou moins nombreux, suivant
les espèces; quelques-unes, nous l'avons déjà dit,
filent pour s'y enfermer un véritable sépulcre de
forme ovale, qu'on appelle cocon. Parmi les
bonnes fileuses, la première place appartient au
ver à soie.

Il y a des chenilles qui se fabriquent une coque
grossière, à l'aide de brins de bois, de débris de
feuilles, de grains de sable, qu'elles relient par
des fils de soie ; d'autres se contentent de s'ac-
crocher la tête en bas à quelque support, comme
si elles savaient qu'elles n'y resteront que peu de
jours; enfin il y en a qui ne prennent pas même
cette précaution et dont les chrysalides sont déposées sur la terre.

Beaucoup de chenilles sont isolées, d'autres
éclosent dans un même nid, et de là se répandent
sur l'arbre dont elles rongent les feuilles et les
fleurs. Les chenilles processionnaires sont ainsi
nommées parce qu'elles sortent en procession de

leur domicile commun et y rentrent dans le même ordre, après s'être bien repues. Elles vivent ainsi pendant quelque temps ; puis chacune d'elles se file une coque dans cette maison construite à frais communs.

La chrysalide ne mange pas, ne marche pas, et ne donne d'autre signe de vie qu'un petit mouvement à peine sensible quand on la touche. Elle reste ainsi pendant plusieurs mois; puis, un beau jour, elle déchire son linceul, et, au lieu de la chenille qui s'y est enfermée, il en sort un vif et brillant papillon.

On a partagé les papillons en trois groupes ou familles : les diurnes, les crépusculaires et les nocturnes.

Les papillons diurnes ont les ailes supérieures entièrement indépendantes des ailes inférieures, le corps mince et les antennes presque toujours terminées par un bouton rond ou ovale.

Tous ceux de nos jeunes lecteurs qui ont fait la chasse aux papillons connaissent les espèces diurnes les plus répandues chez nous : les satyres au vol rapide, dont plusieurs sont vêtus de noir et de blanc, et qu'on appelle pour cette raison satyres demi-deuil ; les sylvains, qui habitent les bois et dont les ailes noires, quelquefois ternes, quelquefois à reflets bleuâtres, ont de belles taches blanches; les vanesses aux riches couleurs, parmi lesquels on peut classer les plus brillantes variétés de nos climats ; le paon du jour, dont les ailes d'un beau rouge sont rayées de filets noirs et marquées à chaque extrémité d'un œil rouge entouré d'un double cercle jaune et noir ; le morio d'un rouge sombre, aux ailes largement bordées de jaune ; le gomma, facile à reconnaître, car il porte à l'envers des ailes de devant la lettre grecque qui correspond à notre G. Cet envers est d'un gris noirâtre, tandis que l'endroit est d'un rouge fauve zébré de noir.

Les argus, très-nombreux dans les prairies, doivent ce nom aux taches simulant des yeux dont sont marquées leurs ailes aux vives nuances. Les porte-queues ont les ailes inférieures allongées en pointe ; les uns petits et bruns habitent les bois ; d'autres rouges, mouchetés de noir, volent dans les prairies, d'autres plus grands ont les ailes jaunes rayées de noir.

Chaque pays a ses variétés, et la nature semble avoir prodigué à ces enfants du soleil toutes les nuances de sa riche palette.

Par malheur, chacun de ces jolis papillons est l'ennemi juré d'une ou de plusieurs de nos plantes, qu'il choisit toujours pour y déposer ses œufs. Que de récoltes détruites ou gravement compromises par les chenilles, sans compter les dégâts qu'elles causent dans les fourrures, les étoffes de laine, les velours des ameublements !

Le papillon blanc, appelé piéride du chou, si commun dans tous les jardins, détruirait la plupart de nos légumes, sans un insecte à quatre ailes que la nature a chargé d'empêcher ses innombrables chenilles d'arriver à leur dernière transformation. Cet insecte, le microgaster, dépose de vingt à trente œufs dans le corps même de la chenille du chou. Les œufs éclosent, les petites larves qui en sortent vivent dans cette chenille, en évitant de ronger les parties essentielles à l'existence de leur nourrice, qui continue de croître jusqu'à l'époque de sa transformation. Mais alors ce n'est pas un papillon qui sort de sa peau desséchée, ce sont autant de petits cocons soyeux que le microgaster a pondu d'œufs. Ces petits cocons s'entr'ouvrent à leur tour, et de chacun d'eux s'envole l'insecte à quatre ailes, destructeur de la piéride.

Les chenilles des parnassiens ou papillons de montagnes ne suspendent pas leurs chrysalides; elles s'enveloppent d'une ou de plusieurs feuilles qu'elles lient autour d'elles au moyen de quelques fils de soie.

Les hespériens, qui ne volent guère que dans l'après-midi, forment la transition entre les papillons diurnes et les crépusculaires.

Ces derniers sont généralement moins bien partagés que les autres par la variété des couleurs et l'élégance des formes. Cependant la famille des sphinx est remarquable sous ce double rapport. Elle doit son nom à l'attitude des chenilles qui la produisent, et dont la moitié du corps, ordinairement dressée, rappelle celle du sphinx égyptien. Ces chenilles ont encore pour caractère distinctif une sorte de corne à la partie postérieure du corps. Elles se cramponnent si fortement à l'arbre qui les porte, qu'on ne peut les en détacher sans les blesser. Quand un danger les menace, elles se laissent tomber en jetant un câble solide, qu'elles jettent même quelquefois comme un pont d'une branche à l'autre. Elles se font, avant de devenir chrysalides, un cocon soyeux qu'elles cachent en terre sous des feuilles.

Au bout de sept à huit mois, le sphinx sort de ce sépulcre, secoue ses ailes puissantes et s'élance dans les airs en bourdonnant. Il ne se pose pas sur les fleurs ; il s'en approche seulement, déploie sa longue trompe, l'enfonce dans le nectaire et se nourrit du suc qu'il y trouve, sans chercher aucun point d'appui.

Le sphinx du troëne est très-grand ; ses ailes supérieures brunes et les autres roses, marquées de noir, la hardiesse et la rapidité de son vol, le mettent au rang des plus beaux papillons. Le sphinx ocellé, dont les ailes d'un rose brillant ont un œil noir bordé de bleu, est peut-être encore plus remarquable ; mais le sphinx atropos, ou papillon à tête de mort, a été l'objet de terreurs populaires qui suffiraient pour le recommander à l'attention des curieux.

« De tous côtés des idées funèbres s'attachent à ce nouveau venu, dit le docteur Franklin.

« Les marques de son dos représentent en effet aux imaginations fertiles la tête d'un squelette ; sa voix a été comparée à celle de l'angoisse ou au gémissement d'un enfant, ou bien encore à un signal d'alarme. Où que vous alliez, vous verrez que cette créature n'a point été considérée comme l'ouvrage d'un être bienveillant , mais comme l'invention d'un mauvais esprit, d'un esprit ennemi de l'homme, Il a été, dit-on, conçu et fabriqué dans les ténèbres. L'éclat flamboyant de ses yeux, bien loin de lui valoir des compliments, est pris pour une représentation du farouche élément dont on suppose qu'il procède. Vole-t-il dans les appartements et lui arrive-t-il, par hasard, d'éteindre la lumière, c'est un présage de guerre, de peste, de famine, pour l'homme et pour les autres animaux.

« L'atropos, si sombre que soit sa livrée, ne vient point des rives de l'Achéron : il vient des sources divines de la vie. Le doigt de la nuit, et non celui de la mort, l'a marqué de son empreinte. Il n'apporte point aux hommes de mauvaises nouvelles de l'autre monde ; il leur apprend que la nature a voulu peupler toutes les heures et consoler jusqu'au crépuscule, en lui fournissant des compagnes ailées. »

La chenille de l'atropos, la plus grande que nous connaissions, vit sur la pomme de terre, le jasmin et le troëne ; elle s'enfonce dans la terre pour se changer en chrysalide et donne naissance à un papillon dont les ailes, marquées de noir, de jaune et de brun, ont quelquefois plus de dix centimètres d'envergure. Il porte sur son corselet une tache jaune, marquée de points noirs, qui figure, si l'on veut, une tête de mort, et son abdomen est jaunâtre avec des anneaux noirs. Il est réellement plutôt beau que laid, et c'est à tort qu'on lui a donné le nom de celle des trois Parques qui tranche le fil de la vie des hommes.

Ce papillon est très-friand de miel; c'est à peu près le seul tort qu'on puisse lui reprocher; mais les abeilles savent se mettre à l'abri de ses déprédations.

« En 1806, dit M. Menault, Huber père constatait que le sphinx à tête de mort abondait, et que, gourmand de miel, il entrait dans les ruches et cassait tous les gâteaux en promenant son énorme corps, dont le volume est plus de cent fois celui d'une abeille. Les abeilles furent épouvantées; elles ne savaient que faire. Jamais elles ne s'étaient trouvées en face d'un pareil ennemi. Après maintes réflexions, jugeant de leur faiblesse, elles imaginèrent d'employer la ruse suivante, qui leur réussit. Un épais bastion de cire s'éleva à l'entrée de toutes les ruches du pays; une petite poterne ne laissait passer qu'une

abeille à la fois. Les sphinx gloutons, mais dépourvus d'appareils tranchants, volèrent en fré-
missant contre l'obstacle, mais ils ne purent
entrer. Au bout de deux ou trois ans, l'ennemi
revint plus nombreux, et immédiatement les
abeilles fermèrent les orifices des ruches (1). »

Parmi les papillons nocturnes il s'en trouve encore de plus grande taille que l'atropos. L'érèbe
de la Guyane, l'atlas de la Chine, qui ont vingt
et même vingt-cinq centimètres d'envergure,
appartiennent à la même famille que le paon de
nuit, ainsi nommé des taches en forme d'yeux qui
marquent ses ailes. Il est très-commun aux environs de Paris.

Toutes les chenilles des papillons nocturnes
sont bonnes fileuses : elles s'enveloppent d'un
cocon de soie avant de se changer en chrysalides ;
mais tous ces cocons ne peuvent être utilisés, et
l'espèce dont le produit alimente l'industrie séri-
cicole est une des moins belles, des moins
agréables à l'œil de la famille des bombycides, ou
papillons de nuit.

Nous voulons parler du ver à soie, le plus pré-

____

(1) *L'Intelligence des Animaux.*

cieux des insectes, celui qui nous fournit assez
de richesses pour compenser largement les pertes
que nous causent les autres chenilles.

Le ver à soie, originaire de la Chine, fut introduit à Constantinople par les soins de deux

moines qui envoyèrent secrètement des œufs à l'empereur Justinien. Ces œufs ont l'avantage de se conserver fort longtemps, pourvu qu'on ne les expose point à l'humidité ; ce qui permet non-seulement de les transporter, mais encore de ne les faire éclore que quand les feuilles nécessaires à la nourriture des larves qu'ils contiennent sont suffisamment développées.

Dans la Chine, dans l'Inde, dans tous les pays chauds, où le ver à soie est commun, il vit à l'air libre sur le mûrier blanc ; mais en Europe, où il est l'objet de soins particuliers, il semble avoir perdu beaucoup de son adresse et de son énergie. Il ne saurait plus se tenir sur les feuilles agitées par le vent ni se cacher pour échapper au bec des oiseaux ; il a abandonné le soin de sa conservation depuis que l'homme s'en est chargé.

Pour faire éclore la graine du ver à soie, il suffit de l'exposer pendant huit à dix jours à une chaleur croissante de quinze à vingt-cinq degrés. Au bout de ce temps, la larve s'est formée, sa petite tête noire se montre, puis tout son corps, qui n'a pas plus d'un millimètre, mais qui grandit très-promptement. Cinq jours après son éclosion, le ver change de peau. C'est la première des quatre mues qu'il doit subir, et pendant lesquelles il souffre et cesse de manger. Après ce premier changement de peau, il n'est plus noir, mais gris ; et il ne garde cette seconde robe que pendant quatre jours : il la rejette pour en prendre une plus claire, qui blanchit encore à la troisième mue, et devient transparente à la dernière. De la seconde à la troisième mue, il y a sept jours ; et de la troisième à la quatrième, dix jours.

Les larves ont alors atteint une longueur de six à sept centimètres ; et pour arriver à cette taille, elles ont consommé une énorme quantité de feuilles. Si elles mangent peu aux approches de la mue, leur appétit redouble quand elle est passée. « C'est surtout pendant les quatre derniers jours qui précèdent leur métamorphose que leur voracité est extrême ; on les entend faire en mangeant un bruit qui ressemble à une forte averse. Le dixième jour de leur cinquième âge, elles cessent de manger et s'apprêtent à se changer en chrysalides. On les voit alors grimper sur les branches des petits fagots placés au-dessus d'elles par ceux qui les élèvent ; bientôt les vers se fixent, jettent autour d'eux une multitude de fils fins, et, suspendus au milieu de ce lacis, ils filent leur cocon, en tournant continuellement sur eux-mêmes dans tous les sens, et en roulant ainsi autour de leur corps le fil qu'ils font sortir de la filière dont leur lèvre est percée. Les divers tours de ce fil unique s'agglutinent entre eux, et il en résulte une enveloppe ovoïde, d'un tissu solide, tantôt jaune, tantôt blanc. »

Cette soie provient de deux glandes qui longent le corps du ver et qui sont remplies d'une liqueur visqueuse. C'est seulement en passant dans la bouche de l'animal qu'elle se solidifie et se tord en deux fils d'une finesse extrême, dont la longueur est d'environ mille mètres pour chaque cocon.

Il faut trois ou quatre jours au ver pour filer sa prison de soie et deux ou trois jours encore pour se changer en chrysalide. Il reste ainsi de quinze à vingt jours, puis le papillon rompt son enveloppe, et, se servant d'un liquide renfermé dans une vésicule de sa tête, il décolle les fils du cocon pour se frayer un passage.

On n'attend pas que ce moment soit arrivé pour faire périr les chrysalides ; car, les cocons ouverts ne pouvant plus être dévidés, il en résulterait une perte pour l'éleveur. Après avoir mis de côté ceux qu'on destine à la reproduction et qu'on a soin de choisir parmi les plus beaux, on met les autres dans une étuve chauffée à la vapeur, et le ver meurt sans que le cocon soit endommagé.

Ceux qu'on a mis de côté donnent des papillons dont les ailes n'ont que des couleurs ternes et dont le corps épais et lourd ne quitte guère son point d'appui. La femelle ne vole pas du tout, le mâle voltige à peine, et l'on doit éviter de les placer au grand jour ; car ce sont des papillons nocturnes, il ne faut pas l'oublier.

Les cocons intacts sont jetés dans l'eau bouillante : la gomme fond, la soie se ramollit, et le dévidage commence. Ceux qui ont été ouverts par les papillons sont cardés et filés ; leur produit prend le nom de filoselle. Les fils extérieurs qui forment au cocon une enveloppe lâche, s'appellent la bourre, et les fils agglutinés donnent la soie grége, dont on doit admirer la finesse et la force, puisqu'un fil de soie offre autant de résistance et peut porter un poids aussi lourd qu'un fil de fer de même grosseur.

Les vers à soie sont appelés magnans dans le midi de la France, où l'on s'occupe spécialement de leur éducation. Les bâtiments dans lesquels on les élève portent le nom de magnaneries.

Il faut beaucoup de soins pour obtenir de beaux résultats : des bâtiments bien aérés, où règne une température toujours égale et assez élevée, une grande propreté, une nourriture abondante ne suffisent pas toujours à préserver les vers à soie de maladies qui en enlèvent un grand nombre. Cependant la soie a cessé d'être rare : il n'y a guère de femme d'ouvrier, j'entends d'ouvrier laborieux et économe, qui n'ait une robe de soie pour les grands jours ; et la production de ce fil précieux s'est merveilleusement accrue depuis que l'empereur Aurélien refusait une de ces robes aux instances de l'impératrice.

La soie était si rare alors, qu'on ne savait même pas à quoi on en devait attribuer l'origine. Les uns disaient qu'elle croissait sur les arbres, d'autres qu'elle sortait des entrailles d'une araignée soigneusement engraissée, d'autres encore qu'elle était fabriquée avec de la cire par un ver qui se bâtissait un nid d'argile.

« Aujourd'hui, grâce à Dieu, dit le docteur Franklin, à qui nous empruntons ces détails, nos enfants riraient de ces contes à l'âne ; car il en est peu d'entre eux qui ne connaissent par expérience la méthode selon laquelle on élève les vers à soie; les beaux cocons de soie jaune, pâle ou verdâtre, qu'ils filent ; l'apparition finale d'un insecte ailé qui pond des œufs. Le luxe s'est répandu, c'est bien ; mais les connaissances se sont généralisées, c'est encore mieux. »

D'autres espèces de vers à soie, plus rustiques que celle du mûrier, vivent en Chine, au Japon, dans l'Inde, et se nourrissent des feuilles du chêne, du pommier, de l'aubépine. Celle de Madagascar se plaît sur le cytise et fournit une soie dont le tissu incorruptible sert à ensevelir les morts. Des essais très-sérieux et qui promettent d'heureux résultats sont faits pour acclimater ces espèces utiles soit en France, soit aux colonies.

Un grand nombre d'autres papillons nocturnes sont nuisibles aux plantations. Ceux dont les ailes restent horizontales au repos sont appelés pha-lènes. Les phalènes volent pendant les froides soirées d'automne comme au printemps ; elles viennent souvent se brûler les ailes à la flamme de nos bougies. Dans plusieurs espèces de pha-lènes les femelles n'ont que de très-courtes ailes ou même n'en ont pas du tout.

Les teignes sont de très-petits papillons dont les chenilles mangent la substance molle qui remplit les feuilles, sans toucher aux nervures, trop dures pour leur bouche. D'autres attaquent le blé et la vigne ; d'autres vivent aux dépens des draps, des fourrures, et se fabriquent une enveloppe laineuse dans laquelle s'opère leur dernière transformation.

VIII.

DIPTÈRES.

Mouches domestiques et Mouches carnivores. — Cousins.
— Tipules.

Le groupe des diptères, ou insectes à deux ailes, renferme les innombrables familles des mouches, des moucherons, des cousins, de tous ces petits animaux importuns et malfaisants qui envahissent nos maisons, nous fatiguent par leurs bourdonnements, nous poursuivent de leurs piqûres, touchent à nos aliments, et possèdent le privilége de mettre hors d'eux-mêmes les gens les plus patients.

« Les mouches, dit Arthur Young, constituent le plus incommode des fléaux, en Espagne, en Italie, et dans certains districts de la France où croissent les oliviers. Ce n'est pas encore qu'elles mordent ou piquent, mais elle bourdonnent, tourmentent et dévorent : les yeux, la bouche, le nez, les oreilles, tout en est plein ; elles fourmillent et pullulent autour de toute espèce de comestibles. Les fruits, le sucre, le lait, elles attaquent tout par myriades. Si une personne n'ayant rien autre chose à faire ne les chasse continuellement, il est impossible à un étranger de prendre son repas. »

Les contrées les plus tempérées ne sont pas à l'abri de ces hôtes incommodes ; à la campagne surtout, on en est assailli ; et quoi qu'on puisse faire, on ne parvient pas à s'en débarrasser. Mais dans les régions brûlantes du globe, les mouches constituent un véritable fléau, auquel les Européens ne peuvent s'habituer. Elles l'empêchent de prendre un peu de repos, quand il succombe au sommeil pendant l'ardeur du jour; elles lui ôtent tout appétit, en couvrant les mets qu'on lui sert, en tombant dans sa boisson, en se pré-cipitant dans sa bouche même aussitôt qu'il l'ouvre.

Et ce n'est rien encore que ce tourment causé par l'inoffensive mouche domestique, si on le compare aux attaques des mouches malfai-santes.

Les unes et les autres ont un goût prononcé pour les matières en putréfaction; la mouche do-

mestique est surtout abondante à la campagne, parce qu'elle dépose ses œufs dans le fumier, dont la chaleur les fait éclore et dont le suc nour-rit ses larves. En éloignant les fumiers des ha-bitations, en faisant régner partout une grande propreté, on peut donc diminuer le nombre de ces mouches si agaçantes lorsqu'elles volent, si dégoûtantes lorsqu'elles tombent.

On en détruit beaucoup au moyen de diverses préparations, de lait poivré, de thé vert sucré, de feuilles insecticides ; mais tant qu'on en détruise, elles en sont à peine plus rares. Le docteur Stanley dit qu'on peut se garantir de leur invasion en étendant un filet en dehors des fenêtres ; il assure en avoir fait l'essai avec un plein succès dans une chambre exposée au soleil, et où les *vomitoria* ou mouches à viande, au corps bleuâtre, étaient attirées par les bouquets de clématite et de chèvrefeuille d'un jardin voisin. Avant qu'il se servît de ce moyen, on était obligé de tenir constamment les fenêtres fermées ; et dès que les filets furent posés, on put les ouvrir sans inconvénient. Le docteur entendait voler et bourdonner les mouches au dehors, il les voyait se poser sur les mailles du filet ; et quoique ces mailles fussent assez larges pour donner passage à plusieurs mouches à la fois, puisqu'elles avaient au moins trois centimètres, pas une n'osait franchir cet obstacle.

Il est à remarquer toutefois que le filet cesse d'être une barrière suffisante, si la salle qu'on veut protéger reçoit le jour de deux côtés ; mais à part cela, on peut, grâce à cette simple précaution, jouir d'une tranquillité parfaite. La chose, à notre avis, vaut la peine d'être vérifiée.

La mouche dorée est encore une espèce de mouche à viande, qui pond des œufs dans les chairs putréfiées et même dans celles des animaux fraîchement tués. Une autre, qui porte le nom de sarcophage et dont le corps est gris rayé de noir, dépose, non des œufs, mais des larves tout écloses, soit sur les viandes, soit sur les plaies de l'homme et des animaux.

Une variété de sarcophage qui introduit ses larves dans la bouche et dans les narines de l'homme endormi a causé la mort à plusieurs forçats à Cayenne. Une autre encore dépose au moyen de sa fine tarière un œuf sous la peau des nègres ; mais ils reconnaissent la présence de la larve et savent s'en débarrasser.

Un grand nombre de mouches pondent sur le dos des insectes, principalement des chenilles ; les œufs éclosent, les larves percent la peau de l'animal et se nourrissent de sa substance.

Tout le monde connaît les taons qui, pendant les chaleurs, piquent jusqu'au sang les bœufs et les chevaux, qu'ils rendent quelquefois furieux. Dans la zone torride, les mouches de cette famille sont encore plus à craindre, et le docteur Livingstone parle de la mouche tsetsé comme d'un des plus sérieux obstacles qui s'opposent à l'exploration de l'Afrique centrale.

Cette mouche, dont la couleur rappelle celle de l'abeille ordinaire, n'est pas beaucoup plus grosse que la mouche commune; mais elle est très-agile, parce que ses ailes sont plus longues que son corps.

« Quiconque voyage avec des animaux domestiques, dit le célèbre Livingstone, n'oublie jamais le bourdonnement particulier de la mouche tsetsé, une fois qu'il lui est arrivé de l'entendre; car la piqûre de cet insecte venimeux est une cause de mort certaine pour le chien, le bœuf et le cheval.... »

Les animaux sauvages, ainsi que le porc, la chèvre, l'âne, le mulet, les veaux qui tettent encore, n'ont rien à craindre de la mouche tsetsé; mais le docteur perdit quarante-trois bœufs, quoiqu'ils n'eussent reçu que très peu de piqûres.

« Lorsqu'on a sur la main un de ces insectes, dit-il, et qu'on le laisse agir sans le troubler, on voit sa trompe se diviser en trois parties, dont celle du milieu s'insère profondément dans notre peau; l'insecte retire cette tarière, l'éloigne un peu, et se sert alors de ses mandibules, qui sous leur action rapide font contracter à la piqûre une teinte cramoisie ; l'abdomen de la mouche, flasque et aplati auparavant, se gonfle peu à peu ; et si l'insecte n'est pas tourmenté, il s'envole tranquillement aussitôt qu'il est gorgé de sang. Une légère démangeaison succède à cette piqûre, mais n'est pas plus sérieuse que celle qui est causée par un moustique. Chez le bœuf, l'effet immédiat ne semble pas avoir plus de gravité que chez l'homme et ne trouble pas l'animal ; mais quelques jours après, il s'écoule des yeux et du mufle de la pauvre bête un mucus abondant ; la peau tressaille et frissonne comme sous l'impression du froid ; le dessous de la mâchoire inférieure commence à enfler ; le bœuf s'émacie de jour en jour, bien qu'il continue à paître ; l'amaigrissement s'accompagne d'une flaccidité des muscles de plus en plus prononcée ; la diarrhée survient, l'animal ne mange plus et meurt bientôt dans un état d'épuisement complet. »

Chez nous, des œstres, sortes de mouches au corps velu, fondent sur le cheval et attachent leurs œufs à ses poils, partout où sa langue peut arriver. Le cheval se lèche ; il avale les œufs, qui

6.

éclosent dans son estomac et s'y nourrissent jusqu'à ce que, transformés en nymphes, ils tombent avec ses excréments sur le sol, et donnent naissance à de nouvelles mouches.

Un autre diptère introduit ses œufs dans les narines des moutons ; de là vient qu'on trouve souvent des larves dans la tête de ces animaux, quand on les fend pour en enlever la cervelle.

Les cousins et les tipules sont, comme toutes ces mouches incommodes et venimeuses, des insectes à deux ailes. Leurs métamorphoses sont des plus curieuses.

La femelle du cousin pose légèrement sur l'eau ses quatre pattes de devant ; elle étend les deux autres, les croise et pond sur ce radeau bon nombre d'œufs entassés en forme de fuseau. Quand elle a façonné ce fuseau d'un côté, elle passe de l'autre.

Deux jours de chaleur les font éclore ; il en sort des larves dont le corps est allongé, la tête grosse, et qui ressemblent à de très-petits poissons doués d'une extrême vivacité. Au bout de trois ou quatre mues, la larve est transformée en une nymphe, dont l'enveloppe forme une nacelle au-dessus de laquelle le cousin montre d'abord sa tête, puis ses pattes et ses ailes. Il se secoue, quitte sa maison, et marche doucement sur l'eau, en attendant que ses ailes parfaitement séchées lui permettent de s'élever dans les airs.

Les cousins se nourrissent de notre sang; ils enfoncent dans notre chair leur trompe acérée et venimeuse. A peine si nous nous apercevons de leur piqûre, tant elle est légère; mais le lendemain une démangeaison insupportable se fait sentir; et si nous n'y savons pas résister, l'enflure survient. Aussi ce petit insecte nous empêche-t-il souvent de jouir en paix de la fraîcheur du soir pendant les mois brûlants de l'été, et nous force-t-il à fermer nos fenêtres quand nous rentrons pour nous dérober à ses attaques.

Les moustiques sont les cousins du midi de l'Europe et des chaudes régions. Ils y sont si nombreux et leurs piqûres sont si douloureuses, qu'on regarde ces petits insectes comme un véritable fléau. Si l'on se promène, si l'on s'assied à l'ombre, on en est assailli; et pour se soustraire à leurs piqûres, si douloureuses, qu'elles occasionnent souvent la fièvre et le délire, on est obligé d'entourer son lit d'un voile de tulle ou de mousseline exactement fermé.

Les pays froids ne sont pas toutefois exempts de cette plaie. Il y a des cousins jusque dans les régions glacées du pôle, et ils ne sont pas moins voraces que les nôtres.

Les tipules ressemblent aux cousins; mais leur stylet moins dur ne peut entamer la peau de l'homme, et les sucs des végétaux forment toute leur nourriture.

IX.

HÉMIPTÈRES.

Cigales. — Fulgores. — Cochenille. — Punaises. — Puces.

Les hémiptères ont la bouche armée d'un stylet dur qui leur sert à entamer la peau des animaux ou l'écorce des plantes, et qui se replie en dedans lorsqu'ils sont au repos.

La cigale est un hémiptère musicien, dont l'instrument consiste en deux cymbales que l'insecte fait vibrer à volonté. Le mâle seul est muni de cet appareil, et il s'en sert surtout pendant la grande chaleur du jour. Le chant de la cigale, fort apprécié chez les anciens et encore aujourd'hui chez les Chinois, ne jouit pas partout du même avantage. Composé d'une seule note, il est aigu et monotone à la fcis, et il devient assourdissant quand les musiciens sont nombreux.

La cigale ne vit qu'un été; notre bon la Fontaine a donc eu tort de dire, dans la jolie fable que nous avons tous apprise quand nous étions enfants :

> La cigale, ayant chanté
> Tout l'été,
> Se trouva fort dépourvue
> Quand la bise fut venue.

Les pays situés sous la zone torride ont de grandes cigales qui, pendant les quelques jours de leur courte existence à l'état d'insectes parfaits, ont la singulière propriété de répandre une lumière plus ou moins vive. Cet éclat phosphorescent s'échappe de leur tête, dont la forme varie. Celle du fulgore porte-lanterne est très-grosse et figure assez bien une lanterne ovale; celle du fulgore porte-chandelle se termine par une espèce de corne lumineuse, longue et recourbée.

Le fulgore porte-chandelle habite la Chine ; il a de larges ailes jaunes et noires qui se replient sous des élytres verts ; et le porte-lanterne, qu'on trouve à la Guyane, est agréablement marqué de roux et de jaune, avec une tâche en forme d'œil à l'extrémité des ailes.

La cochenille est un insecte utile qui passe presque toute sa vie dans l'immobilité. Originaire de l'Amérique du Sud, il ressemble à une petite écaille rouge. Le mâle seul a des ailes ; la femelle n'en a pas besoin ; car elle se fixe sur les feuilles du nopal et elle y pond un grand nombre d'œufs que sa peau desséchée recouvre bientôt d'un toit protecteur.

On doit à la cochenille une belle teinture rouge que les Mexicains employaient déjà avant la conquête de leur pays par les Espagnols.

La culture de la cochenille s'est répandue aux Antilles, en Algérie, à Madère, aux îles Canaries, aux Indes Orientales.

Au même groupe d'insectes se rattachent les punaises, qui forment une nombreuse tribu, dont toutes les espèces se distinguent par leur odeur repoussante et leurs instincts carnassiers.

La nèpe ou scorpion d'eau se nourrit de mollusques et d'insectes. Elle a les pattes recourbées comme une pince, et sa bouche est armée d'un robuste suçoir qu'elle enfonce dans les doigts qui la saisissent sans précaution.

Les notonectes ou bateliers nagent renversés sur le dos, leurs longues pattes faisant l'office de rames. Ils sont nombreux dans les étangs et les fossés, où ils vont et viennent avec rapidité pendant tout le jour. Le soir venu, ils déploient leurs ailes à la recherche de quelque nouvelle proie.

Les lacs du Mexique sont peuplés de plusieurs espèces de notonectes, dont on recueille les œufs déposés en quantité sur les roseaux. Pour cela, on coupe les roseaux, on les lie en bottes et on les jette dans l'eau, où on les laisse pendant un mois. On les fait ensuite sécher au soleil, on les bat pour en faire tomber les œufs, qu'on porte au moulin, et dont on vend la farine pour en fabriquer des gâteaux.

Les punaises grises des bois vivent de préférence sur les ormes et les bouleaux ; la mère soigne, conduit ses larves, et les défend contre le mâle, qui en ferait volontiers sa pâture.

On trouve aussi des punaises grises, verdâtres ou violettes, dans nos jardins; quand on les touche, elles laissent aux doigts leur détestable odeur, et si l'on porte à sa bouche un fruit sur lequel elles ont passé, on le rejette avec dégoût. Les punaises rayées de rouge et de noir qu'on voit au pied des arbres sont les seules qui n'aient pas d'odeur.

En revanche, l'espèce connue sous le nom de punaise des lits, exhale, quand on l'écrase, une véritable infection, et ses piqûres sont assez irritantes pour la faire regarder comme un fléau. Cette punaise, plate et brune, n'arrive guère en Europe à l'état d'insecte parfait; elle n'a pas d'ailes, et elle doit à son corps aplati la facilité de se cacher dans les joints des lits et des lambris, aussi bien que sous les tentures et les papiers de tapisserie. Elle y dépose ses œufs, fermés d'un couvercle que la petite larve soulève pour en sortir. Elle est d'abord blanchâtre; mais bientôt le sang qu'elle absorbe la colore. Si elle ne faisait que le sucer, ce ne serait rien encore; mais elle verse dans la plaie qu'elle a faite un liquide âcre qui rend cette piqûre douloureuse.

« La punaise et l'homme, dit M. Menault,

sont les plus directs et les plus cruels ennemis du genre humain. Leur méchanceté est d'autant plus dangereuse, qu'elle est servie par une intelligence plus développée. »

Et il cite à l'appui de l'intelligence de la punaise un fait rapporté par Valmont de Bomare. Un curieux, voulant découvrir comment la punaise était avertie de la présence de l'homme, se coucha dans un lit suspendu et sans ciel, au milieu d'une chambre où il n'y avait aucun meuble; il mit sur le plancher une punaise qui, conduite sans doute par l'odorat, prit le parti de monter à la muraille, suivit le plafond en droite ligne jusqu'au-dessus du lit et se laissa tomber sur le nez de l'observateur.

La puce est encore un insecte qui vit de notre sang; mais ses piqûres sont moins cruelles que celles de la punaise, et elle n'a pas d'odeur. Le chien, le chat, le pigeon, l'hirondelle, la taupe et beaucoup d'autres animaux, ont des puces qui leur sont propres, ou qui du moins ont une prédilection marquée pour chacune de ces espèces; car les puces du chat et du chien nous visitent et nous piquent quelquefois.

Le sentiment maternel est très-développé chez

la puce ; si elle suce notre sang, ce n'est pas seulement pour elle, c'est pour ses enfants. Elle pond une douzaine d'œufs dans les rainures des planchers, dans les tapis, dans les langes des petits enfants. De ces œufs sortent des larves frétillantes comme des anguilles microscopiques, qui ne pourraient se nourrir elles-mêmes. Leur mère y pourvoit ; quand elle s'est repue, elle va leur dégorger dans la bouche un peu du sang qu'elle nous a soustrait, et cela dure au moins quinze jours. Au bout de ce temps la larve devient nymphe, et, bientôt transformée en insecte parfait, elle rend à sa progéniture les mêmes soins qui lui ont été donnés.

La puce est aussi robuste qu'agile ; de plus elle est susceptible d'éducation. Charles Dickens raconte avoir vu travailler des puces sur un petit théâtre de Londres. « Parmi les savantes, dit-il, il y en avait quatre qui traînaient une petite voiture d'un assez bon pas. Nous parierions même volontiers pour elles dans une course avec un colimaçon. Cette calèche est fort lourde pour un pareil attelage, chaque carreau des portières du carrosse étant deux cent quarante fois plus pesant qu'une seule puce. Deux autres travailleurs sont attachés à chaque bout d'un petit morceau de papier doré, l'un à gauche, l'autre à droite, mais se tournant le dos. Ainsi attelés, on les place sur un orgue de Barbarie, dans une petite salle de bal, où siége un orchestre composé de puces solidement liées à de petites chaises et tenant dans leurs pattes divers petits instruments de musique. L'orgue joue, le directeur touche chaque musicien de sa baguette de commandant, et toutes ces puces font aller leurs pattes, comme si elles exécutaient une symphonie de Mozart ou une sonate de Beethoven, soit dit sans la moindre intention de répéter un jeu de mots devenu banal. Quant aux puces enchaînées au morceau de papier doré, dès qu'elles sentent l'ébranlement de la boîte de l'orgue, elles se mettent à tourner aussi vite que possible. C'est ce qu'on appelle la valse des puces.

« Après les musiciens et les danseuses viennent les artilleurs.... Voyez en face de ce petit canon cette puce liée sur une petite chaise. Plusieurs fois par jour cette infortunée met le feu à sa pièce au moyen d'une petite barbe de plume d'oie fixée à l'une de ses pattes et au bout de laquelle est un grain de poudre fulminante. Le directeur, appuyant sa baguette sur la poudre, la fait partir au grand effroi des spectateurs. Mais personne n'est plus étonné que la puce, qui secoue dans les airs sa mèche à moitié brûlée, agite ses nombreuses pattes, tourne la tête à droite et à gauche, et se montre aussi terrifiée qu'une puce peut l'être....

« Les puces, en général, vivent longtemps, pourvu qu'elles soient bien soignées et bien nourries. Notre homme nous cita un de ses acteurs, un patriarche, qui vécut dix-huit mois, occupé à tirer de l'eau d'un puits avec un petit seau.... Il croit qu'elle mourut de vieillesse, car on la trouva morte à son poste, le seau à moitié tiré hors du puits. »

En Amérique, une espèce de puce dépose sous la peau du pied de l'homme un sac d'œufs, qui ne tarde guère à produire une enflure douloureuse; mais on trouve facilement des négresses qui possèdent l'art d'extraire ces nids sans même faire couler le sang.

Nous voici arrivés à la fin de notre travail et nous n'avons fait qu'effleurer l'intéressante histoire des insectes; mais nous croyons en avoir assez dit pour que nos lecteurs sachent que l'étude du dernier de ces petits êtres si merveilleusement organisés mériterait d'occuper tous les loisirs d'un homme, et que cette étude lui donnerait autant d'agréables distractions que de leçons utiles et de précieuses consolations.

FIN.

TABLE.

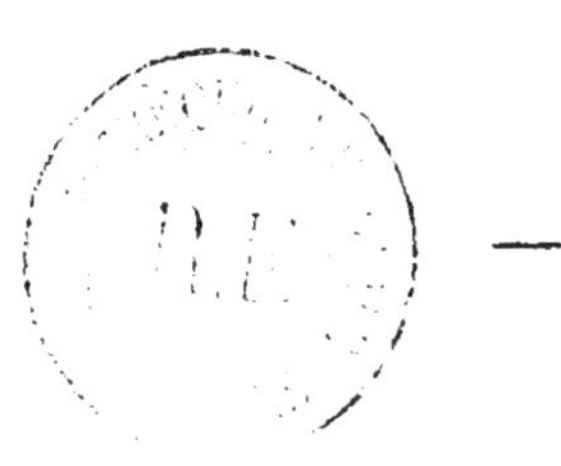

FIN DE LA TABLE.

Rouen. — Imp. MÉGARD et Cᵉ, rue Saint-Hilaire, 136.